高等教育高职高专"十三五"规划教材

印前图文信息处理实务

魏 华 李 延 主编
杨玉春 黄余海 副主编
李小东 主审

中国轻工业出版社

图书在版编目（CIP）数据

印前图文信息处理实务/魏华，李延主编. —北京：中国轻工业出版社，2018.8

高等教育高职高专"十三五"规划教材

ISBN 978-7-5184-1930-2

Ⅰ.①印… Ⅱ.①魏… ②李… Ⅲ.①印前处理-高等职业教育-教材 Ⅳ.①TS803.1

中国版本图书馆CIP数据核字（2018）第064556号

责任编辑：杜宇芳　　责任终审：劳国强　　整体设计：锋尚设计
策划编辑：杜宇芳　　责任校对：晋　洁　　责任监印：张　可

出版发行：中国轻工业出版社（北京东长安街6号，邮编：100740）

印　　刷：三河市万龙印装有限公司

经　　销：各地新华书店

版　　次：2018年8月第1版第1次印刷

开　　本：787×1092　1/16　印张：8.5

字　　数：220千字

书　　号：ISBN 978-7-5184-1930-2　定价：39.80元

邮购电话：010-65241695

发行电话：010-85119835　　传真：85113293

网　　址：http://www.chlip.com.cn

Email：club@chlip.com.cn

如发现图书残缺请与我社邮购联系调换

151192J2X101ZBW

东莞职业技术学院重点专业建设教材编委会

主　任：贺定修
副主任：李奎山
成　员：王志明　陈炯然　卞建勇　刘忠洋　李小东
　　　　李龙根　何风梅　范明明　胡选子　郭　洁
　　　　石文斌　颜汉军　杨乃彤　周　虹

总　序

依据生产服务的真实流程设计教学空间和课程模块，通过真实案例和项目激发学习者在学习、探究和职业上的兴趣，最终促进教学流程和教学方法的改革，这种体现真实性的教学活动，已经成为现代职业教育专业课程体系改革的重点任务，也是高职教育适应经济社会发展、产业升级和技术进步的需要，更是现代职业教育体系自我完善的必然要求。

近年来，东莞职业技术学院深入贯彻国家和省市系列职业教育会议精神，持续推进教育教学改革，创新实践"政校行企协同，学产服用一体"人才培养模式，构建了"学产服用一体"的育人机制，将人才培养置于"政校行企"协同育人的开放系统中，贯穿于教学、生产、服务与应用四位一体的全过程，实现了政府、学校、行业、企业共同参与卓越技术技能人才培养，取得了较为显著的成效，尤其是在课程模式改革方面，形成了具有学校特色的课程改革模式，为学校人才培养模式改革提供了坚实的支撑。

学校的课程模式体现了两个特点：一是教学内容与生产、服务、应用的内容对接，即教学课程通过职业岗位的真实任务来实现，如生产任务、服务任务、应用任务等；二是教学过程与生产、服务、应用过程对接，即学生在真实或仿真的"产服用"典型任务中，也完成了教学任务，实现教学、生产、服务、应用的一体化。

本次出版的系列重点专业建设教材是"政校行企协同，学产服用一体"人才培养模式改革的一项重要成果，它打破了传统教材按学科知识体系编排的体例，根据职业岗位能力需求以模块化、项目化的结构来重新架构整个教材体系，较于传统教材主要有三个方面的创新：

一是彰显高职教育特色，具有创新性。教材以社会生活及职业活动过程为导向，以项目、任务为驱动，按项目或模块体例编排。每个项目或模块根据能力、素质训练和知识认知目标的需要，设计具有实操性和情境性的任务，体现了现代职业教育理念和先进的教学观。教材在理念上和体例上均有创新，对教师的"教"和学员的"学"，具有清晰的导向作用。

二是兼顾教材内容的稳定与更新，具有实践性。教材内容既注重传授成熟稳定的、在实践中广泛应用的技术和国家标准，也介绍新知识、新技术、新方法、新设备，并强化教学内容与职业资格考试内容的对接，使学生的知识储备能够适应社会生活和技术进步的需要。教材体现了理论与实践相结合，训练项目、训练素材及案例丰富，实践内容充足，尤其是实习实训教材具有很强的直观性和可操作性，对生产实践具有指导作用。

三是编著团队"双师"结合，具有针对性。教材编写团队均由校内专任教师与校外行业专家、企业能工巧匠组成，在知识、经验、能力和视野等方面可以起到互补促进作用，能较为精准地把握专业发展前沿、行业发展动向及教材内容取舍，具有较强的实用性和针对性，从而对教材编写的质量具有较稳定的保障。

东莞职业技术学院重点专业建设教材编委会

前　言

　　印前图文信息处理是印刷复制过程中最重要的环节，从图像的获取及处理、版式设计、出血和陷印处理到文件检查，再到拼大版，所有的工作都马虎不得，其中一个环节出现了差错，会导致前功尽弃，还会带来很大的经济损失。在全国轻工教学指导委员会的统一规划及中国轻工业出版社大力协助下，我们组织编写了《印前图文信息处理实务》。本教材编写的过程中，编者深入企业走访，对本专业岗位群进行调研分析，并邀请企业专家直接参与教材编写，确保教材的职业性。本书主要以基于工作过程的项目活动为主线，以企业行业中应用广泛的图文信息处理软件：Photoshop、Illustrator、CorelDRAW 等作为应用软件，设计制作项目案例。

　　本书的前三个项目是图像获取及处理部分，主要有：图像的获取、扫描图片的处理和证件照的制作。通过前三个项目的学习，学生能够学会使用扫描仪和照相机获取图像，并对获取的图像进行处理使其符合印刷的要求，还可以学会制作各种尺寸和底色的证件照。后面四个项目针对名片、三折页、书刊封面和包装盒四种经典的印刷品设计了教学任务，使学生通过对该教材的学习，学会名片、三折页、书刊封面和包装盒的印前处理及制作，方便学生了解印前环节，快速获得企业实际工作经验。所有项目中的任务一都是侧重于理论的学习部分，任务二则侧重于实践的实训部分。扫描每个任务旁边的二维码，可以下载该任务实操所需的素材。因此本书既可作为开设印刷包装类专业的高职院校学生用教材，也适合从事印前环节生产一线的技术人员阅读。

　　本教材由东莞职业技术学院魏华、广东省新闻出版技师学院李延主编，东莞理工学院城市学院杨玉春和中山市建斌中等职业技术学校黄余海编写，由东莞职业技术学院李小东审定，全书由东莞职业技术学院魏华统稿。本书是广东省一流高职院校建设计划成果。

　　本书在编写的过程中参考了大量印刷业前辈的相关书籍，同时东莞当纳利印刷有限公司李志明、凌佛训和深圳永发印艺包装设计有限公司谢森提供了一些编写建议和资料，在此表示衷心的感谢。

　　本教材的每位编者都倾注了大量的心血，但由于编写水平有限，教材中难免有疏漏，敬请广大读者批评指正。

编者
2018 年 1 月

目　录

项目一　图像的获取

任务一　图像输入技术 …………………………………………………………… 1
任务二　图像的获取 ……………………………………………………………… 10

项目二　扫描图像的处理

任务一　扫描图像的处理 ………………………………………………………… 12
任务二　扫描图像的调整 ………………………………………………………… 21

项目三　证件照的制作

任务一　小一寸证件照的制作 …………………………………………………… 23
任务二　2寸证件照的制作 ……………………………………………………… 33

项目四　名片的制作

任务一　名片的制作（一） ……………………………………………………… 35
任务二　名片的制作（二） ……………………………………………………… 57

项目五　三折页宣传单的制作

任务一　设计制作媒体传播系宣传单 …………………………………………… 60
任务二　"东莞职业技术学院2017年成人教育招生简章"宣传单制作………… 74

项目六　书刊封面的制作

　　任务一　《校园文化》书刊封面的设计制作 …………………………………… 77
　　任务二　论文集封面设计 …………………………………………………… 92

项目七　包装盒的制作

　　任务一　包装盒的制作（一） ……………………………………………… 94
　　任务二　包装盒的制作（二） ……………………………………………… 121

参考文献 …………………………………………………………………… 125

项目一　图像的获取

当今的图像处理，一般需将图像转换为数字化的信息，进入计算机中进行处理。而图像的输入过程，直接关系到图像复制的品质，通过本次学习任务，我们将了解图像的分类，图像的获取途径，输入过程中数字化扫描和数字摄影的参数设置方法，文件颜色模式以及文件格式等相关内容。

知识目标

1. 了解模拟图像与数字图像的概念。
2. 理解计算机处理过程中图像与图形的差异。
3. 了解数字化扫描与数字化摄影的工作原理。
4. 理解文件颜色模式的含义。
5. 了解文件格式的种类及用途。

能力目标

1. 掌握图像输入的基本操作，能合理进行参数设置。
2. 掌握图像和图形的应用场合。
3. 掌握文件颜色模式设置方法，合理应用文件格式。

课时安排

8课时（讲课2课时，实践6课时）

任务一　图像输入技术

任务背景

元旦快到了，小明想给过去的同学和老师制作新年贺卡，表达自己对他们的新年祝福。过去的同学和老师对小明很关心，他们大都还在乡下老家，不知道小明现在就读的学校如何、现在的生活学习又是怎样的，小明计划将自己校园里的一角拍摄后，做成卡片邮寄给同学和老师们。同时他又担心自己的摄影水平不够，也看到了高年级师兄做好的纪念册里的图片很漂亮，小明想做两手准备：

1. 拍摄自己的校园风光摄影作品,供挑选制作卡片使用。
2. 扫描高年级师兄们的纪念册图片,供自己制作卡片备用。

在准备图片之前,小明结合自己的专业,想先了解下相关专业基础知识,在过去的同学和老师那里展现下自己的专业能力。

任务要求

1. 了解数码相机的拍摄参数,拍摄符合卡片制作要求的图片,并按照符合输出要求的颜色模式、文件格式储存在计算机中。

2. 了解扫描仪的扫描参数设置,扫描画册中的图片,并按照符合输出要求的颜色模式、文件格式储存在计算机中。

任务素材

1. 拍摄数码照片自己采集,并用合适的数据格式存储到计算机中。

2. 画册为书籍参考图片,如图 1-1、图 1-2 所示,使用扫描仪对这两张图片进行扫描,并合理设置参数,用合适的数据格式存入到计算机中。

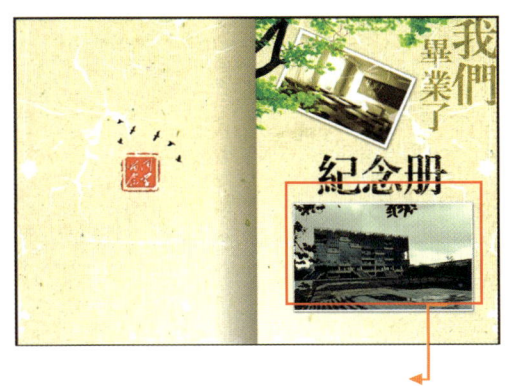

图 1-1 小明选中的纪念册中的图片　　　　图 1-2 局部大图(可供扫描练习使用)

任务分析

1. 认识数码相机和扫描仪的基本工作原理。
2. 了解扫描参数、文件格式的基础知识。
3. 图像输入的操作步骤及其过程界面认识。

操作步骤详解

了解了上述基本知识后,小明心里有了认识,打算通过"做中学"的方式,如果遇到不懂的问题再来加深学习。

1. 扫描图像采集实例

(1) 打开扫描仪控制程序,以 EPSON 品牌的平台扫描仪为例(如有条件,通过扫描标准色卡,完成扫描仪特性化文件的制作,如图 1-3 所示)。

(2) 放置扫描对象,以便将图 1-2 放置在扫描仪的靠中间位置,单击预览,如图 1-4

所示。

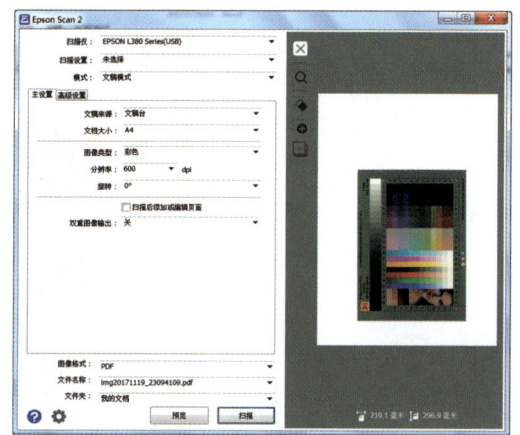

图1-3 扫描标准色卡，制作扫描仪特性文件

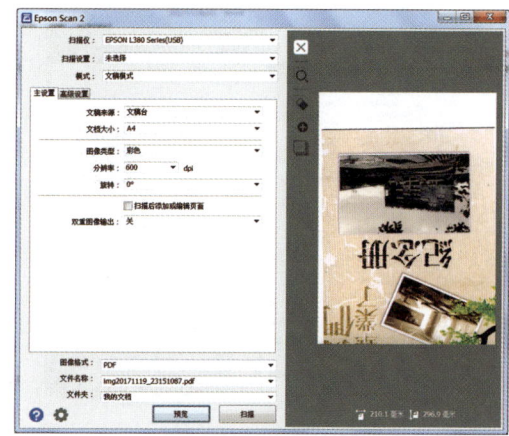

图1-4 预览待扫描的图像位置

（3）按照上述预览图，调整扫描对象的角度和位置，使得待扫描图像主体位置能够居中放置，而后再次单击预览按钮，如图1-5所示。

（4）单击主设置按钮菜单，在面板中选择分辨率设置，这里的分辨率参数设置可以参考公式：扫描分辨率＝印刷加网线数×放大倍率×质量因子（一般质量因子取1.5～2），小明由于要放大一点儿使用，故设分辨率为600dpi，图像类型设为彩色，图像格式设为TIFF格式，如图1-6所示。

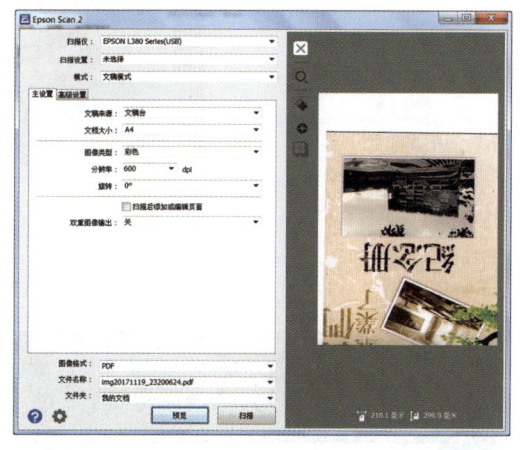

图1-5 调整待扫描的图像主体位置

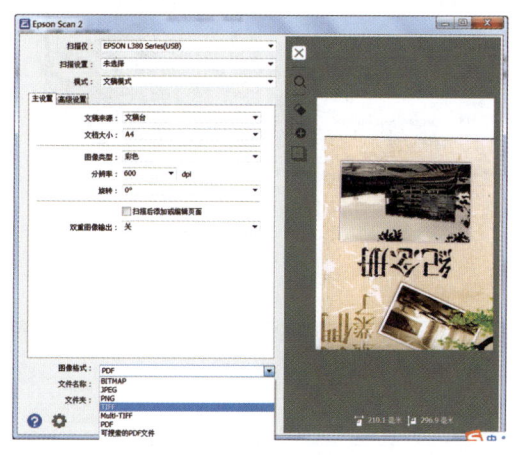

图1-6 设置扫描参数

（5）设置好文件格式为TIFF，选择一个自己能够记住的文件名，并且选择好扫描文件存储的路径，如图1-7所示。

（6）打开【高级设置】面板后，根据原稿类型选择是否"去网纹"和"锐化"，本例中学员扫描的是印刷品，则需设置"去网纹"。一般如果进行了扫描仪的特性化文件制作，则"亮度、对比度"等选项一般较少干预，如图1-8所示。

（7）框选打算扫描的图像，然后单击"扫描"按钮，扫描图片，如图1-9所示。

（8）等待扫描仪操作完毕，如图1-10所示。

图1-7　设置文件格式和文件存储名

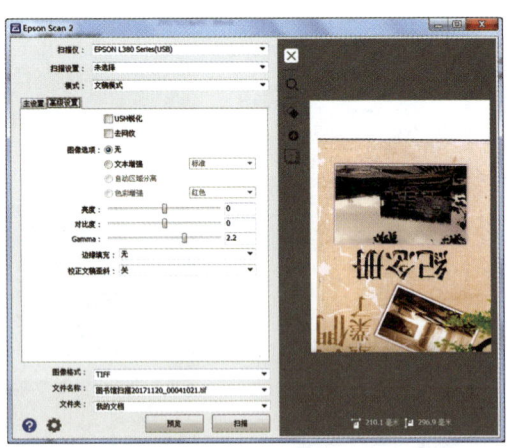
图1-8　选择是否"去网纹""锐化"

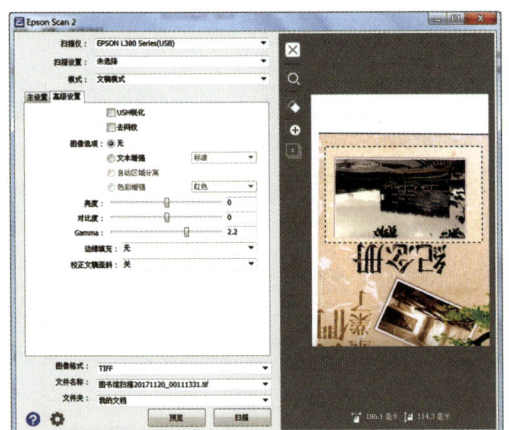
图1-9　框选打算扫描的区域进行扫描操作

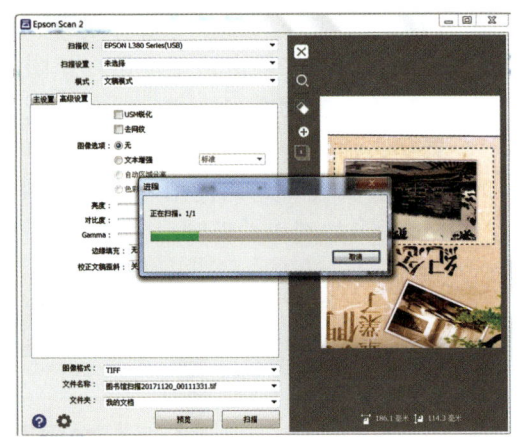
图1-10　扫描操作

（9）打开文件路径，查看扫描好的图片，如图1-11、图1-12所示。

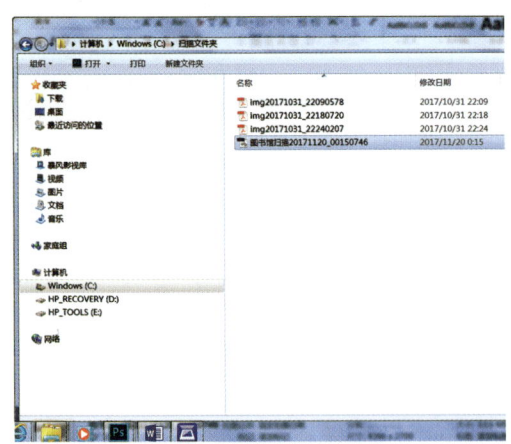
图1-11　查看扫描好的文件

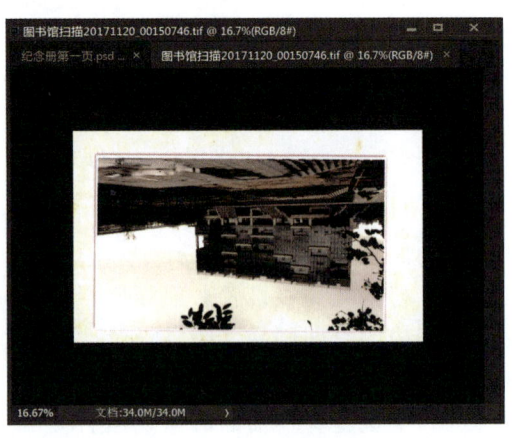
图1-12　扫描结果图

2. 以手机中的数码相机功能为例，进行图像采集实例

（1）打开手机照相界面，为了接近其他数码相机，在本例中打开"专业"相机功能。首先，设置相机 ISO 为 100，目的是使得采集的图像质量细腻，如图 1-13 所示。

（2）设置相机白平衡为阴天的缺省设置，更加接近实际色彩，如图 1-14 所示。

图 1-13　设置 ISO 值　　　　　　图 1-14　设置白平衡为阴天设置

（3）由于是风景图片的照相，设置对焦点为无限远处，如图 1-15 所示。

（4）光圈快门可以用默认设置，为了保持图像质量，也可手动设置，如图 1-16 所示。

（5）如需设定曝光补偿值（图 1-17），合适后进行拍摄，之后以"*.jpg"格式命名后存储到电脑上，最终拍摄得到的图像如图 1-18 所示。

详细分析解说和拓展

1. 基本概念阐述

（1）图像的概念　在印前图文处理过程中，我们将所见图像分为模拟图像和数字图像两大类。

（2）模拟图像　一般是指自然界景物影像、绘画、依靠光学摄影成像的底片及照片等，它们具有空间上连续、信号取值连续的特征，如图 1-19 所示。空间上连续性是指位置坐标上连续取值，可以认为是由无限多的像素组成的图片。

（3）数字图像　与模拟图像不同，空间上离散、信号取之分为有限等级、用二进制数字编码表示的图像为数字图像，如图 1-20 所示。空间上取值不连续，由离散的点（像素点）构成；信号取值也不连续，表示的颜色为有限多种。一般模拟图像都要经过数字化采

图 1-15 设置对焦点为无限远处

图 1-16 设置曝光组合

图 1-17 设置曝光补偿

图 1-18 拍摄得到的图像

图 1-19　模拟图像（彩色正片示例）

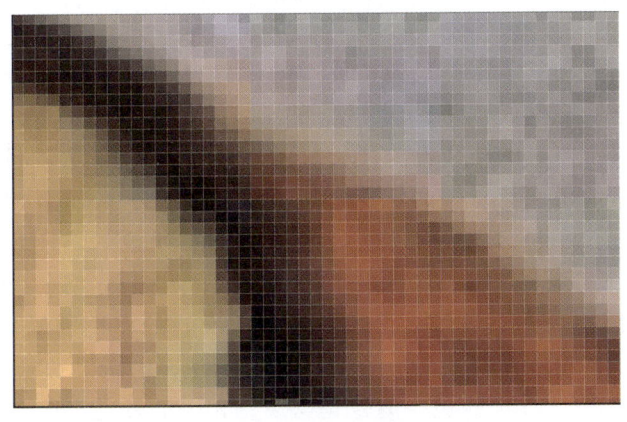

图 1-20　数字图像

集量化编码，得到数字图像后才能进行数字图像处理。

（4）数字图像的分辨率　数字图像中，每一个像素作为一个图像的采样点，采样点越多越密，图像中包含的信息量也就越大。在单位长度内的采样点的数量称为图像的分辨率，一般用每英寸中的点数 ppi/dpi 表示。

（5）图形　与像素点构成的数字图像不同，图形在计算机处理过程的表现为是由一些关键的坐标、直线或曲线按一定的数学描述形成对象，如图 1-21 所示，具体示例可以打开配套光盘中的"熊猫.ai"文件进行查看。

图像与图形的特点如下：

① 图像中的信息是由像素点组成的，每一个像素点都可以有不同的颜色；而图形是由坐标位置、描述

图 1-21　图形示例

曲线的数学公式和填充的颜色信息构成。

② 图形与分辨率无关，输出质量仅取决于输出设备的分辨率和精度；而图像的质量很大程度上取决于图像的分辨率。

③ 一般而言图形占用的计算机的存储空间较小，处理速度较快，所占用的计算机资源与图形的尺寸大小无关，与图形的复杂程度相关；而图像占用计算机资源由图像像素总数（即图像尺寸大小和分辨率）、图像颜色模式等共同决定，图像的存储空间和图像的像素总数成正比。

④ 一般而言，图像中的颜色变化和层次比图形中表现得更为丰富，图形一般只能做比较有规律的颜色变化，边缘衔接得比较生硬简单，缺乏真实质感。

⑤ 图像处理软件可以对每个像素进行处理，因此对图像可以进行较为彻底的修改；而对于图形只能对独立的整体对象（线条、轮廓等）进行修改。

⑥ 图像在输出解释时，由于是像素点对输出设备机器点的解释，处理速度较快，不易出错；而图形虽然存储容量较小，但需要 RIP 对其从数学表达形式转换为输出点阵形式的解释，图形越复杂解释速度越慢，同时相对图像也较易产生解释错误。

2. 颜色模式

不同的设备呈现色彩的原理不同，为了更加合理地表示颜色就需要对颜色模式进行选择。

扫描仪、数码相机和显示器等设备所使用的颜色表示方式为 RGB 颜色空间，通常都由红、绿、蓝三原色组成（如图 1-22 所示），尽管它们使用的 RGB 三原色并不一定一样，所有由这三种原色混合而成的颜色集合所构成的颜色空间成为 RGB 颜色空间。由于它们产生的颜色是与具体使用设备有关的，如 RGB 三原色的选择不同，混合颜色的原理不同，就会导致不同的设备有不同的颜色效果，也就我们通常所说的，RGB 颜色空间是与设备相关的颜色空间。

CMYK 颜色空间是印刷油墨形成的颜色空间，不同的原色油墨可以得到不同的颜色复制范围，同样的网点比例，不同的原色油墨、承印物、机械设备等工艺要素组合得到的颜色也会不同，因此，CMYK 颜色空间也是与设备相关的颜色空间。

由于油墨的成色主要依赖选择性吸收光谱能量，油墨之间叠加后光谱的总能量减少，符合减色混色规律，其基本规律如图 1-23 所示。

图 1-22　RGB 颜色叠加成色示意

图 1-23　CMYK 颜色叠加成色示意

3. 图像获取的工作原理

目前图像的获取主要通过扫描仪或者数字照相机的图像采集来完成。

从 20 世纪 50 年代诞生的电子扫描分色机到当今的扫描仪，扫描技术不断发展进步，在印前图文处理过程中，大都应用采集二维平面图像的扫描仪，在装潢印刷、艺术品复制工艺中，少量应用具备三维扫描能力的扫描设备。

扫描仪按其结构分为平面式扫描仪和滚筒型扫描仪，如图 1-24 和图 1-25 所示，它们所采用的光电转换器件不同，一般平面扫描仪采用 CCD（电荷耦合器件：Charge Coupled Device），而滚筒型扫描仪采用的是 PMT（光电倍增管：Photo Multiplier Tube）进行光电转换。

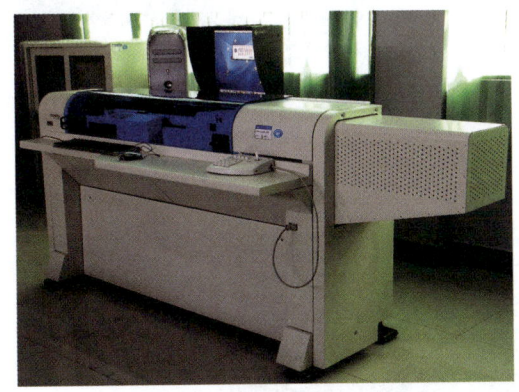

图 1-24　滚筒扫描仪示例

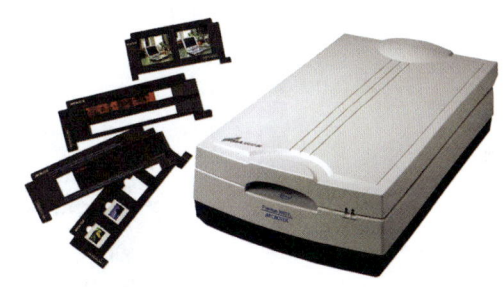

图 1-25　平面扫描仪示例

扫描仪的主要技术性能为：光学分辨率、动态密度范围、颜色位深度、扫描幅面和扫描速度。

目前数字相机的种类很多，分类方法也不同，如图 1-26 至图 1-29 所示。按照光电转换器件进行分类，有 CCD 数字相机和 CMOS 数字相机；按照镜头分类，有单反相机和固定镜头型数码相机。目前大多数手机已经具备了相当能力的数字相机的功能，它们获取的数字图像，应用在小幅面彩色印刷过程中质量已经很不错了。

数字相机的主要技术性能有：有效像素数、最大分辨率、光电转换器件的尺寸、画幅、图像文件格式、存储介质等。

图 1-26　120 相机配数码后背

基于扫描仪和数字相机的光电转换器件的采集原理，一般采用 RGB 的颜色空间比较合理，而图像信息量大小主要依赖于图像尺寸及其有效像素数，同时也要依据最终的输出要求来判断是否符合需求。

4. 两种常用图像文件数据格式简介

每一种应用软件都有自己特有的格式，也可以输入和输出其他应用软件的格式，图像文件在传递过程中比较常用的格式是 TIFF 和 JPEG 这两种格式。

图 1-27　135 数字相机

图 1-28　不可更换镜头的便携式数字相机

图 1-29　手机自带的数字相机

TIFF 格式保存图像文件时可以对图像进行无损失压缩，这种压缩对于图像质量没有损失，仅限于保存图像文件，是印前图文复制过程中最通用的格式之一。

JPEG 格式保存图像文件时可以对图像进行有损压缩，这种压缩是以牺牲图像质量为代价的，压缩率越大，图像损失也就越大，一般用于节省文件大小的场合使用。

任务二　图像的获取

任务背景

通过上述学习，完成两个任务，巩固任务一所学知识和技能。

任务要求

1. 扫描仪扫描如图 1-30 所示风光照片，存储在电脑中备选。

2. 用专业数码相机（或手机）拍摄校园风光照片，存储在电脑中备用。

图 1-30　供扫描练习使用素材

任务素材

自己选用数码相机进行拍摄校园风光图片，设置合适的拍摄参数后，存储在电脑备选。

任务分析

1. 扫描图片 1-30，设置合适的分辨率、颜色模式，对照原稿进行简单处理。
2. 选择合适的图像格式，命名后保存在电脑合适位置。
3. 选择数码相机，设置合理的曝光参数，设置合适的像素数、颜色模式、数据格式等，保存在电脑合适位置。

项目二 扫描图像的处理

知识目标

1. 理解扫描图像分辨率设置和图像输出工艺之间的关系。
2. 了解图像编辑基本处理的问题和解决原则。
3. 理解清晰度调整的原理,理解色彩调整的方向。

能力目标

1. 掌握图像处理过程中图像分辨率的设定方法。
2. 熟练掌握图像处理中常见的编辑方法。
3. 明确清晰度调整和色彩层次调整的方向,掌握合适的处理工具。

课时安排

8课时(讲课2课时,实践6课时)

任务一 扫描图像的处理

任务背景

小明经过项目一的学习之后,已经基本掌握了扫描或数码相机采集获取图像的方法,扫描得到的结果如配套光盘中的"项目二/任务一/扫描结果.tif",当小明打开扫描得到的图片以后,心中很不满意,觉得图像质量不好,和原稿的差距比较大,层次、阶调、颜色都与原稿有差距,小明希望通过学习了解到对于扫描后的原稿需要有重新校正调整的过程,以期能达到忠于原稿的复制效果。

任务要求

1. 了解原稿的特点,并学会分析原稿的质量。
2. 了解原稿的分类,并能依据输出目的进行分析。
3. 对于各类图像有大概的认识,能够确定图像处理的方向。

任务素材

本书项目一中扫描得到图片，见素材光盘中的"项目二/任务一/扫描结果.tiff"。

任务分析

1. 目前的印前工艺过程中，随着数字照相技术的不断进步，原有的彩色反转片等高质量的透射稿已经越来越少见了，更多需扫描处理的原稿是反射稿，而常见的反射稿有彩色照片、印刷品和画稿实物等。

2. 原稿进行扫描后的处理过程中，核心主体的再现是整个印刷复制工艺的关键问题。针对此，如何根据主体内容进行分析是要认真考虑的。

3. 层次与反差处理、清晰度处理等原理对于整体复制有着指导意义，了解这些对于不断累积处理经验，快速达到工艺要求有明显帮助。

4. 观察扫描结果，分析得到应该首先要将图片进行合理的旋转、裁剪。

5. 分析层次阶调的分布情况，进行相应的调整。

6. 对照原稿，校正整体色偏和局部细节（清晰度调整和去除网纹、修脏等），完成扫描图像的调整。

操作步骤详解

（1）打开图片"扫描结果.tif"，观察扫描稿，由于在扫描仪中的摆放，图像扫描后需进行旋转。菜单中选择【图像】→【图像旋转】→【垂直旋转画布】或者【图像】→【图像旋转】→【180度】，如图2-1所示。

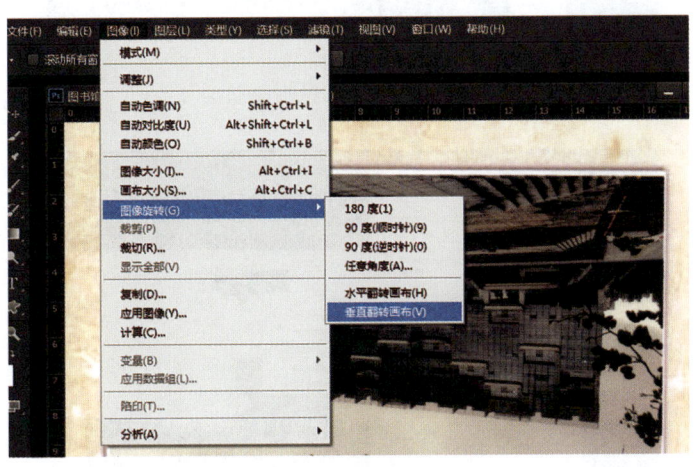

图2-1 旋转画布

（2）观察旋转后的结果，文件还是不够水平，选取工具箱中的【标尺工具】，如图2-2所示。标尺工具能够快速的帮助用户标定水平或垂直基准，并自动记录所需旋转的角度。

（3）用标尺沿着图中本该水平或垂直的位置画一条基准线，如图2-3所示。

（4）单击菜单【图像】→【旋转】→【任意角度】，如图2-4和图2-5所示，注意这里跳出的对话框中的数值，即为图像应该旋转的角度，不需要再设置。

图 2-2　选取标尺工具

图 2-3　用标尺设置水平基准

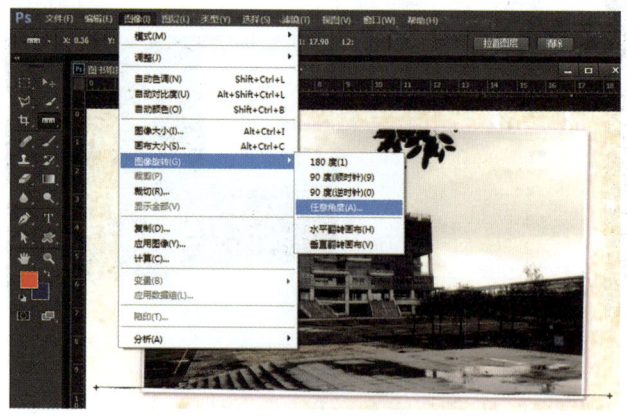

图 2-4　使用标尺测量角度进行旋转

（5）单击"确定"后，使用裁切工具裁切出所需图片，如图 2-6 所示。

（6）裁切完成后，打开菜单【图像】→【窗口】→【直方图】之后，观察图像的整体层次阶调的分布，对照原稿，考虑调整方向，如图 2-7 所示。

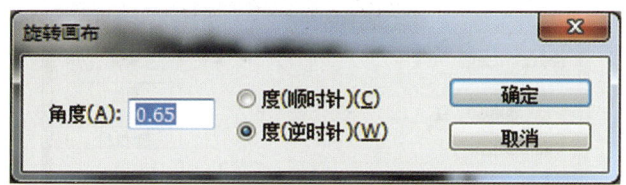

图 2-5　使用标尺测量角度进行旋转

图 2-6　裁切原图

图 2-7　直方图检视图像阶调层次分布

（7）打开【图像】→【调整】→【色阶】，对红、绿、蓝三个通道分别调整，现将每个通道的阶调层次拉开在能够再现的范围内，如图 2-8 至图 2-10 所示。

（8）对照原稿，调节整体亮度和色偏，具体如图 2-11 所示。

（9）对照原稿，感觉调整的色调和亮度分布已经比较接近了之后，打开【滤镜】→【锐化】→【USM 锐化】，设置如图 2-12 所示。

（10）调整完保存结果，观察得到的结果，如果网纹比较明显的状态下，可以分通道来模糊操作处理，如果有明显的脏点，用橡皮图章等工具局部处理即可。

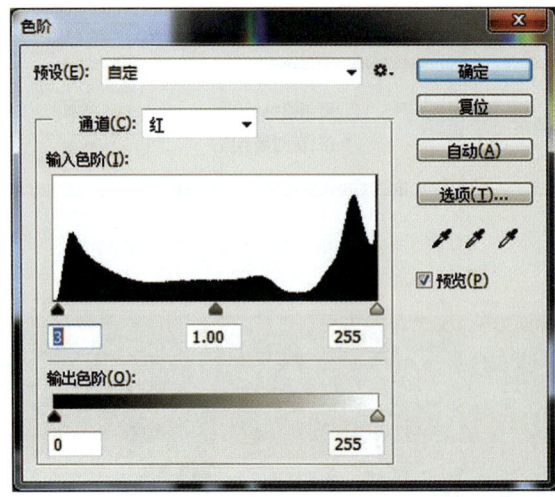

图 2-8 调整红通道

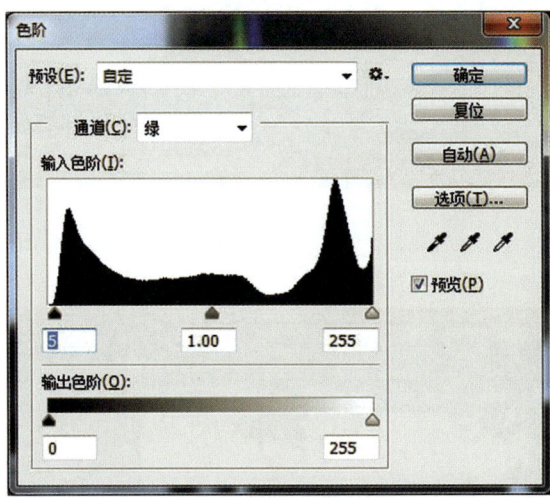

图 2-9 调整绿通道

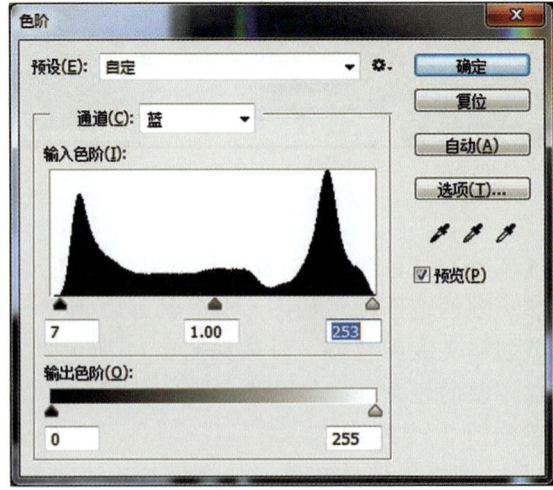

图 2-10 调整蓝通道

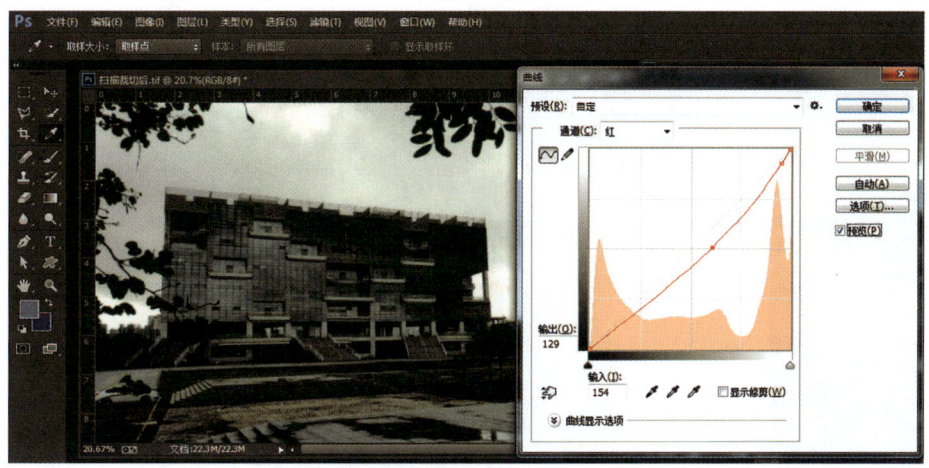

图 2-11　整体调整红色通道的曲线

图 2-12　USM 锐化清晰度调整

详细分析解说和拓展

1. 反射原稿的特点

一般反射原稿密度范围适中,在 0.2～2.0D 范围内,比较符合大多数扫描仪的动态密度范围,在密度复制这方面,相对操作规范些,可以扫描保留绝大部分层次。

反射稿除手工绘制外,大都属于二次或三次原稿,有些是经过冲印或印刷形成的图

像，难免会有清晰度较差、层次和颜色不够丰富等问题的存在（如图 2-13 所示）。弥补这些问题，是图像扫描后处理的主要内容。

2. 根据用途分析原稿

印前图像处理主要是针对印刷复制为目的的处理。

印刷复制如果以艺术处理为目标，如图 2-14 所示，则其要求为力求还原原稿，正确理解作者原意，再现出原作的艺术特色和风格，尽可能少地改变原作寓意，复制难度比较大。其中的关键是把握好层次和颜色的复制。油画作品的特点是暗调层次非常丰富，在黑场定标时要保证暗调层次，并因此做好牺牲部分亮调层次的准备。

图 2-13 印刷品示例

如果是以商业广告和宣传为目的，比如书籍封面、挂历（图 2-15）和包装产品为目的的原稿复制时，最主要的特点是颜色鲜明、饱和度较高、图像要有相对比较强烈的对比，以提高人的吸引力。基于此类原稿的用途，定标时要突出中间调主体部分，使其层次再现丰富，对比度高。颜色方面适当增大饱和度，减少互补色的用量。

图 2-14 油画作品示例

图 2-15 挂历作品示例

实际工作中遇到具体多样的原稿,要根据实际情况不断调整,特别对于内容不同的原稿还有更多变的处理方法,不能僵化地套用一种操作原则。

3. 根据图像内容具体调节的基本原则

原稿根据内容分类,大致可以分为人物、风景、静物原稿三类,它们调整的原则会有差别。

(1) 人物原稿多指以人物面部肤色为主体内容的原稿,如图 2-16 所示。由于人的肤

图 2-16 人物稿示例

色是记忆色,人眼对其复制的变化相当敏感,稍有偏色就会感知到,而由于光线的不同,又会带来肤色变化等更复杂的问题。

(2) 风景原稿一般以冷色调的天空、树木为主,如图 2-17 所示。复制时可适当增大清晰度强调,为强调主体层次,可以考虑非忠实原稿的原则处理,色彩适当夸张,保证颜色的鲜艳和对比。

(3) 静物原稿的内容包括美术作品、古文物和产品实物等,如图 2-18 所示。一般而言,静物图像的复制阶调尽量长,以保证高光和暗调部分的复制网点不丢失,而对于古文物和产品实物,复制时就需要采用忠实复制原稿的方法了。

4. 清晰度强调的基本原理

图像的表现力,不仅仅体现在色彩的多样性和层次的丰富性上,其丰富细腻的质感和细节同样有着强烈的吸引力。细节信息是色彩、阶调层次之外图像信息的重要来源。而图像细节,一般指图像中较细微的对象,较细微的含义是"与自身图像尺寸相比,或与图形所表现的主体对象相比较而言"的尺寸微小。比如狮子图片中的毛发,树叶图片中的叶脉等。

清晰度与图像分辨率有关系,但两者不是一回事儿。清晰度指图像在相同分辨率下细节边缘变化的敏锐程度,变化得越高则越清晰,变化得越柔和则清晰度越低。

图 2-17 风景稿示例

图 2-18 静物原稿示例

按照加网规律,只要设置的图像分辨率的数值≥输出加网线数×边长的放大倍率×质量因子(一般取值 1.5～2)就可以了。

图像复制过程中,导致图像清晰度下降的原因很多,比如光学系统、光电转换系统的信息干扰;图像软件处理过程中的插值分辨率运算、去噪声运算等;加网过程中网纹干扰、叠印过程中的套印不准等。所有上述原因都会造成清晰度的下降。

为了弥补校正图像清晰度的劣化问题,在图像扫描处理的软件中常用 USM(unsharp masking 虚光蒙版)的方法和卷积锐化的算法(如图 2-19 和图 2-20 所示)。

锐化的程度以通常不引起复制后视觉上不自然的感觉为基本要求，也有从业人员给出过经验数值的参考意见，比如锐化半径约等于分辨率除于 200 等的设置，供大家自行判断选择。

图 2-19　USM 清晰度强调示例

图 2-20　卷积锐化算法示例

任务二　扫描图像的调整

任务背景

通过本项目的任务一部分的学习，小明了解到了对于扫描后的原稿需要有重新校正调整的过程，学习了调整扫描好的图像的基本方法和技能，通过本次任务进一步巩固和加强扫描稿的图像调整。

任务要求

1. 将扫描原稿进行合理的编辑，使其没有多余元素，尺寸符合复制要求。
2. 分析扫描稿与原稿阶调层次再现的差异，调整层次阶调的分布，达到和原稿一致的效果。

3. 调整整体色偏和局部色偏，进行清晰度的调整，去除印刷品脏点、网纹等缺陷，以期最终输出的色彩细节等复制效果与原稿一致。

任务素材

电子文件素材见配套光盘"项目二/任务二"，扫描好的印刷原稿的图片，文件名为"扫描练习01.JPG"和"扫描练习02.JPG"，如图2-21、图2-22所示。

图 2-21

图 2-22

任务分析

1. 首先要将图片进行合理的旋转、裁剪。
2. 分析层次阶调的分布情况，进行相应的调整。
3. 对照原稿，校正整体色偏和局部细节（清晰度调整和去除网纹、修脏等），完成扫描图像的调整，最终效果如图2-23、图2-24所示。

图 2-23 扫描图像校正结果图

图 2-24 扫描图像校正结果图

项目三　证件照的制作

知识目标

1. 理解产品尺寸。
2. 理解图像分辨率的含义。
3. 了解常用证件常用尺寸设定。

能力目标

1. 能够正确设置成品尺寸和出血尺寸。
2. 能根据印刷要求调整图像分辨率和图像尺寸。
3. 掌握压缩图片大小以符合证照要求。
4. 熟练完成图像换背景的操作。

课时安排

8课时（讲课2课时，实践6课时）

任务一　小一寸证件照的制作

任务背景

小明所在的社团准备为新成员办理社团工作证，需要上交几张照片留底备案，工作证上也需贴一张，社团网站上也需要上传一张数据量不大于15kB的照片，规格要求为小一寸照片，于是小明给其中一个新入社团的成员拍摄了一张数码照片，如图3-1所示，并帮她处理打印出来。要求小一寸照片一版（10张）冲印出来，另外由于要在网上申请办证事宜，需要上传一张不大于15kB的小一寸照片。

任务要求

正确处理所提供的图片，更换背景颜色，制作一版照片，文件保存TIFF格式；处理保存一张不大于15kB的电子照片。

任务素材

图 3-1　数码照片原稿素材

任务分析

这是生活中常见的照相馆客户的简单要求，涉及的内容有图像尺寸大小处理、图像数据量的具体要求，操作相对简单，稍微复杂的还有换背景颜色的要求。本例中原稿尺寸比例与所要求的尺寸比例皆不同，在处理时需要兼顾尺寸和比例的缩放。

将图片按照大小要求上传到网站要求的资料表格中，是近年生活工作中常见的要求，有些考试报名时就需要提交这种照片了，借助于图像处理软件可以将照片文件压缩至要求大小，Photoshop 软件中该功能的实现也是很容易做到的。

操作步骤详解

（1）确定小一寸的照片为 25mm×35mm，打开原稿，检视原稿比例。打开 Photoshop 软件，打开"项目一/任务一/工作证件照原稿"素材，后执行【图像】→【图像大小】命令，为保证最后打印质量，现将分辨率设置为 300ppi，注意设置前【重新采样】的选框不要选中，如图 3-2 所示。

（2）从上述图像大小尺寸比例，也可以看出与小一寸照片比例吻合，而且数据量也足够 2.5mm×3.5mm 的一寸照片所需，当然如果要制作类似身份证那样严格的照片，还需要仔细裁切，以保证其他要求也能符合。作为要求不严格的证件照，这个比例基本合适

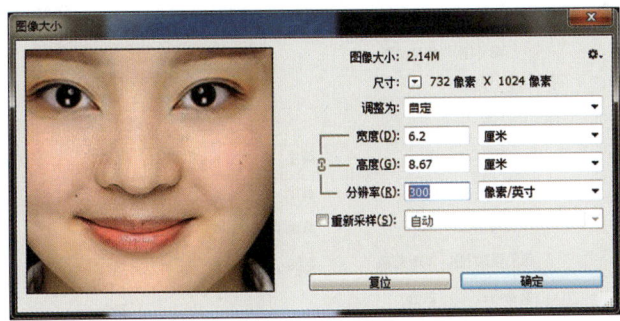

图 3-2　数码照片原稿分辨率设定

了。当然，生活中很多自己拍摄的原稿不见得这么合适，那么就需要接下来的操作了。选中工具箱中的【裁剪工具】，在裁剪工具的属性设置栏中设置如图 3-3 所示信息。

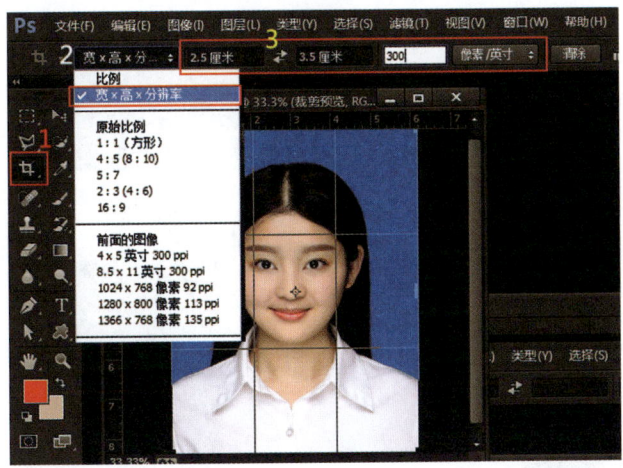

图 3-3　设置裁剪属性

设置好后，在跳出的对话框中选择【确定裁剪】，即可完成单张照片的制作过程。这时再次打开【图像】→【图像大小】查看裁切好的图像大小，已经是符合打印要求的尺寸和分辨率了，如图 3-4 所示。

注意，这里的不压缩图像大小为 356.9kB，不能够直接上传到网站上，因为网站上的要求要小于 15kB。

（3）打印输出的照片拼版。新建一个"6inch×4inch"（常见的相片纸的尺寸），如图 3-5 所示，分辨率为 300ppi 的图像，选择使用移动工具，将上图结果拖入进来。

图 3-4　检查裁剪结果

（4）将拖进来的照片先复制四个图层，大致摆放一下，如图 3-6 所示。

（5）选择工具箱中的【移动工具】，然后按着【Shift 键】+选择图层 1 以及复制出来

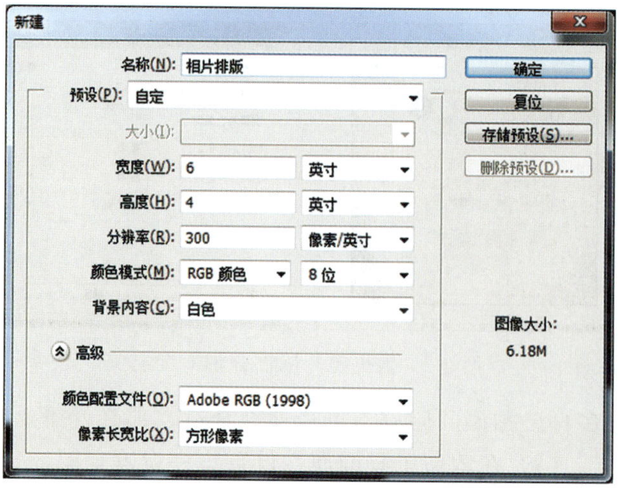

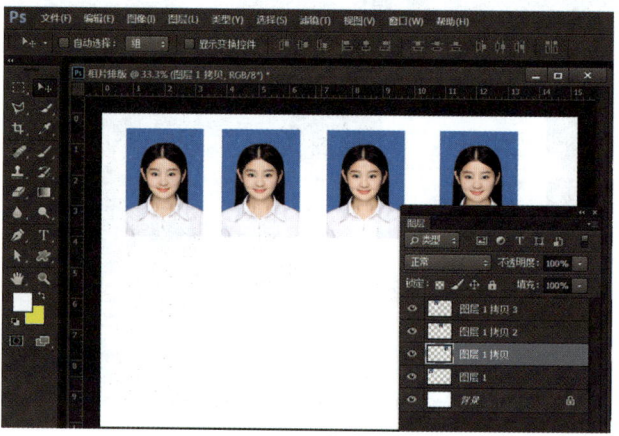

图 3-5　新建准备打印的相片尺寸

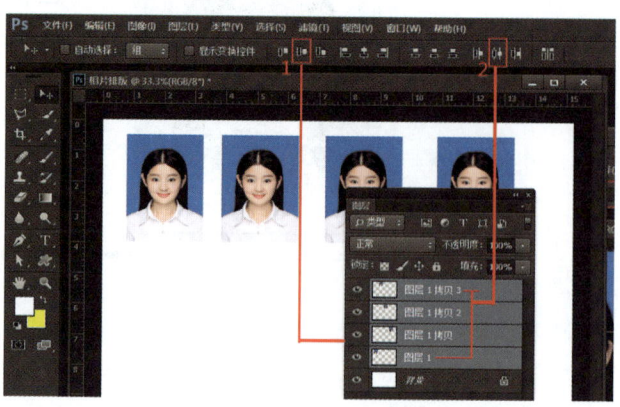

图 3-6　先大致排版

的其他几个图层，分别单击选项栏里面的【垂直居中对齐】和【水平居中分布】，均匀排列分布 5 个图层，如图 3-7 所示。

（6）排列分布好的 5 个图层，如图 3-8 所示。

图 3-7　将这四个图层排列分布整齐

图 3-8 将这几个图层排列分布整齐

(7)将排列分布好的 5 个图层合并成为一个图层(快捷键【Ctrl+E】),再复制一个相同的图层排好,如图 3-9 所示。

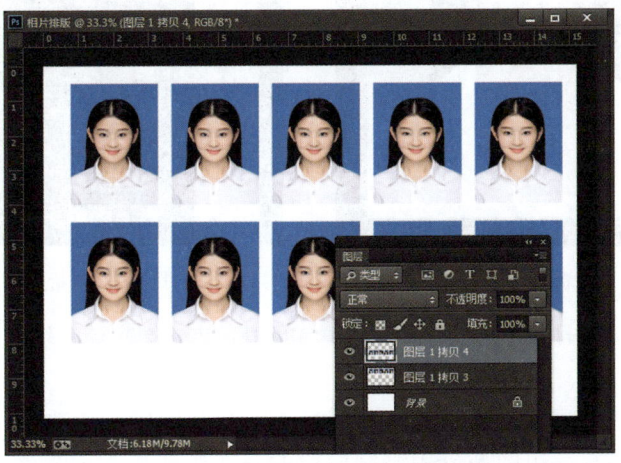

图 3-9 再复制一个图层,并将上面两个图层合并后放置在图像中间

(8)最终打印效果如图 3-10 所示。

图 3-10 排版结果

（9）下面操作完成修改蓝色背景，将其变为白色。选择工具箱中的【快速选择工具】，大致选择蓝色背景如图 3-11 所示。

（10）快捷键【Ctrl+Shift+I】反选后，再按【Ctrl+J】，将人像复制到一个图层上，如图 3-12 所示。

图 3-11　选择蓝色背景　　　　　　　　图 3-12　新图层去掉背景

（11）在背景层和图层之间插入一个"白色背景"的图层，填充好白色，如图 3-13 所示。

（12）按住【Ctrl 键】+单击图层 2 的图标上，加载图层 2 的选取，并将选取建立为图层蒙版，将图层 2 中有蓝边的部分用绘制蒙版的方式遮盖住蓝色杂色，如图 3-14 所示。

（13）修改好蒙版后，"白色背景"图层可以填充任意想更换的底色，将此 PSD 文件格式的图片保存留用，电子文件见"证件照素材照片换好底结果"，如图 3-15 所示。

（14）上传照片至网站，由于照片有像素总数要求，又有数据量限定，那么，需要使用 Photoshop 的 WEB 图像优化功能，选择"文件/存储为 WEB 所用格式"，调出如图 3-16 所示面板，按照要求进行设置（注意图中红色方框 1、3 所示的参数设置），观察数据量（图中方框 3 所示）和数据格式设置（图中红色方框 1 所示），使其符合网站上传要求即可存储文件，完成本任务的所有工作任务。

详细分析解说和拓展

1. 产品尺寸

尺寸问题是客户和设计制作乃至最终的输出加工成品首要关注的问题，尺寸不对，影响产品最后的使用。比如名片尺寸，成品大小一般为 90mm×54mm（尺寸要看客户要求），实际制作时就要考虑后期裁切等加工工艺来确定制作尺寸了。

图 3-13　插入白色背景

图 3-14　建立图层蒙版

图 3-15　修改好背景色的 PSD 文件

在制版输出时，不仅仅要考虑成品尺寸，还要依据制版和后工序考虑其他的几个尺寸概念，在很多软件中也有涉及，如图 3-17 所示为常见的一些尺寸叫法，可以参考下图来理解。

（1）成品尺寸（作品框）　这是最关键的，客户往往不清楚你的生产工艺，也没有太多必要弄清楚，他只需要提供最终需要的产品大小这个关键要求即可。

图 3-16　存储为 WEB 所用格式设置

（2）裁切尺寸（裁切框）　通常为"作品框＋出血位"，这个尺寸一般是由制作人员为后工序裁切加工预留出血位后的尺寸，通常设计制作要不小于此尺寸，而出血位的大小一般为 3mm 左右，具体依据工艺而定。

（3）其他尺寸根据需要进行定义，并不是所有的文件都需要定义齐全这些尺寸，只是某些软件处理的时候会预留出这些尺寸框供用户使用。

2. 拼版

有些印刷工单是安排好对应幅面的印刷机进行印刷。负责工艺的设计师会设计好拼版方式，印前处理人员需根据拼版要求进行拼版。

拼版是为了折页或者充分利用承印物的尺寸进行的操作，主要操作过程是将小幅面文件按照一定的顺序排布在较大幅面的承印物上，如图 3-18、图 3-19 所示。

图 3-17　常见产品尺寸框示意图

图 3-18　三折页宣传册拼版示例

图 3-19　邮票拼版示例

3. 常用证件照的尺寸

常用证件照的尺寸如表 3-1 所示。

表 3-1　　　　　　　　　　　　证件照尺寸

证照类别	尺　寸	证照类别	尺　寸
1英寸证件照	25mm×35mm	日本签证证件照	45mm×45mm
2英寸证件照	35mm×49mm	护照证件照	33mm×48mm
3英寸证件照	35mm×52mm	身份证证件照	22mm×32mm
港澳通行证证件照	33mm×48mm	驾照证件照	22mm×32mm
赴美签证证件照	51mm×51mm		

除尺寸之外很多证照还有其他详细要求：

（1）驾驶证　《中华人民共和国道路交通安全法》申请机动车驾驶证人员的相片标准相片应为，持证者本人免冠1寸相片。

① 白色背景的彩色正面相片，校正视力者须戴眼镜。

② 其规格为22mm×32mm、人头部约占相片长度的三分之二。

（2）身份证　《居民身份证》（第二代）照片标准为公安部制定的《居民身份证》制证用数字相片技术标准（GA461—2004）。

① 照片规格。358 像素（宽）×441 像素（高照片规格），分辨率 350dpi，照片尺寸为 32mm×26mm；

② 颜色模式。24 位 RGB 真彩色；

③ 要求。公民本人正面免冠彩色头像，头部占照片尺寸的 2/3，不着制式服装或白色上衣，常戴眼镜的居民应配戴眼镜，白色背景无边框，人像清晰，层次丰富，神态自然，无明显畸变；

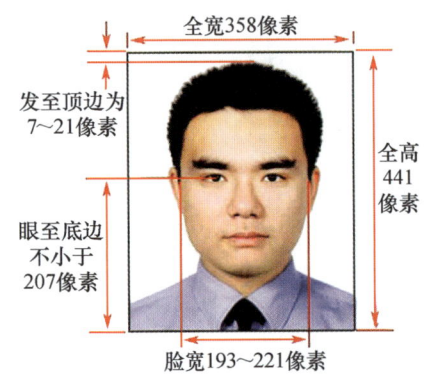

图 3-20　身份证要求

④ 人像在相片矩形框内水平居中，脸部宽 207±14 像素，头顶发迹距相片上边沿 7～21 像素，眼睛所在位置距相片下边沿的距离不小于 207 像素，当头顶发迹距相片上边沿距离与眼睛所在位置距相片下边沿的距离不能同时满足上述要求的情况下，应优先保证眼睛所在位置距相片下边沿的距离不小于 207 像素，特殊情况下可部分切除耸立过高的头发，如图 3-20 所示。

（3）护照　2012 年 7 月 17 日起，公安局出入境管理部门将开始受理、签发新版《中华人民共和国普通护照》，这也是我国建国以来使用的第 13 版护照。

① 着白色服装的请用淡蓝色背景颜色，着其他颜色服装的最好使用白色背景。

② 人像要清晰、层次丰富、神态自然。

③ 公职人员不着制式服装，儿童不系红领巾。

④ 尺寸为 48mm×33mm，头部宽度 21～24mm，头部长度 28～33mm。

4. 像素数与分辨率的关系

有关基本定义这里不再赘述，我们通过 Photoshop 的【图像】→【图像大小】菜单面板，如图 3-21 所示，直观认识下像素数与分辨率的关系，可以帮助我们理解这两个的概念了。

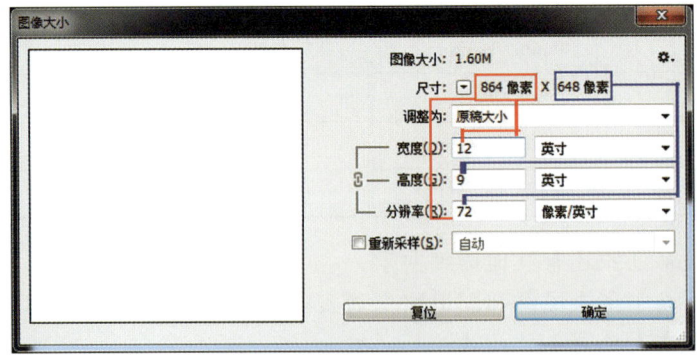

图 3-21　像素数与分辨率

其中，12in×72 像素/in＝864 像素；9×72 像素/in＝648 像素。

这幅图的像素总数为：长边 864 个像素×短边 648 个像素＝559872 个像素。

项目三 | 证件照的制作

任务二　2 寸证件照的制作

任务背景

学校计算机协会招新工作已经结束了，计算机协会的每个成员需要办张会员证，以便工作方便，会员证上需要附上一张两寸照片，社团网站上也需要上传一张数据量不大于 20kB 的照片，规格要求为两寸照片，你先给自己拍摄一张照片（没自行拍摄的可以直接用素材图 3-22），按要求制作出一版两寸的照片，彩色喷墨打印机中的照片纸大小为 6in×4in。

任务要求

1. 制作两寸（35mm×49mm）照片，并尝试将背景换成白色。
2. 在一张 6in×4in 的相纸上排出几张两寸照片的版。
3. 打印输出高质量照片。
4. 制作一个小于 20kB 的数码照片，以便上传到社团网站。

任务素材

任务素材见附电子文件"证件照素材照片"，如图 3-22 所示的数码照片。

图 3-22　数码照片原稿

任务分析

明确 2 寸照片的尺寸，使用"图像/图像大小"命令设置照片的尺寸和分辨率；选中蓝色背景，将背景换成白色；按照相纸的尺寸对照片进行拼版，然后打印照片；最后使用"文件/存储为 WEB 所用格式"命令，将照片存储为符合网站上传要求的文件，完成本任务的所有工作任务。

最终效果图

图 3-23　数码照拼版结果

项目四　名片的制作

知识目标

1. 常见印刷品纸张的选择。
2. 陷印、叠印和漏白。
3. 字库、字体。
4. 出血位、裁切线、套准线、成品线。
5. 名片制作的注意事项。

能力目标

1. 掌握字体安装的方法，字体缺失解决的途径。
2. 掌握文字转成路径的方法。
3. 能根据实际情况正确进行陷印设置。
4. 能够使用图像软件进行名片排版和拼版，并能正确设置裁切线、套准线、成品线。

课时安排

10 课时（讲课 2 课时，实践 8 课时）

任务一　名片的制作（一）

任务背景

客户要求制作员工名片，提供了名片实物效果，以及制作名片所需的相关资料，见素材光盘"项目四/任务一"文件夹，其他按实物制作效果。

名片大小 90mm×50mm，材料选择 A4 幅面 250g 彩色喷墨打印纸，采用喷墨打印制作。

任务要求

1. 根据要求和使用提供的素材完成名片设计制作。
2. 按照要求完成拼大版。

3. 完成图文输出打样前检查。

任务素材

名片样本、名片信息、修改内容说明。

任务分析

名片尺寸固定，结构简单，设计和制作相对容易。客户提供了名片样本，并给出了主要素材和信息。

任务实施流程：扫描名片样本→设计制作名片→检查图文→拼大版→检查大版内容→打样输出。

打样使用 A4 250g 彩色喷墨打印纸，4 色喷墨打样。根据尺寸，A4 纸张可以拼 3×3 联。完成输出打样一份。

操作步骤详解

1. 样本扫描

扫描名片原稿，扫描参数如下：

（1）原稿类型　反射稿。

（2）色彩模式　RGB。

（3）分辨率　300dpi。

（4）缩放比例　100％。

（5）其他参数采用默认值即可。

扫描效果如图 4-1 所示。

图 4-1　名片素材扫描效果

2. 名片制作

（1）设定出血　打开 Illustrator，点击【文件】→【新建】，显示新建文档对话框，如图 4-2 所示，设置【名称】为"名片制作"，【宽度】和【高度】分别为 90mm 和 50mm，分辨率为 300ppi，颜色模式为 CMYK，上下左右出血均为 3mm。

注意：名片裁切时会有误差，所以上下左右要保留 3mm 的出血，页面内的元素应该与裁切线距离 3mm 以上，以免裁切时文字等重要信息被切掉。

（2）图形制作　单击工具箱中的【矩形工具】，并在工具箱中设置【填色】颜色值 CMYK（23、19、31、0），【描边】颜色值为无（/）。单击画板，弹出【矩形】对话框，设置宽度为 96mm，高度为 56mm，如图 4-3 所示。单击【确定】按钮。点击【窗口】→【对齐】，弹出【对齐】对话框，如图 4-4 所示，设置"对齐画布"，并点击【水平居中对齐】和【垂直居中对齐】，效果如图 4-5 所示。

注意：印前文件制作过程要养成良好的习惯，将背景、图形、文字进行分图形制作，这样方便后来的修改。

图 4-2　新建名片文档

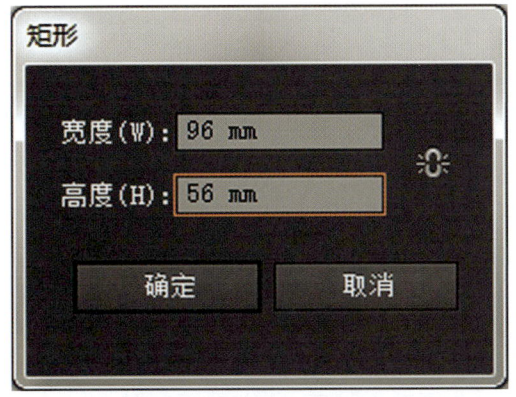

图 4-3　绘制矩形背景

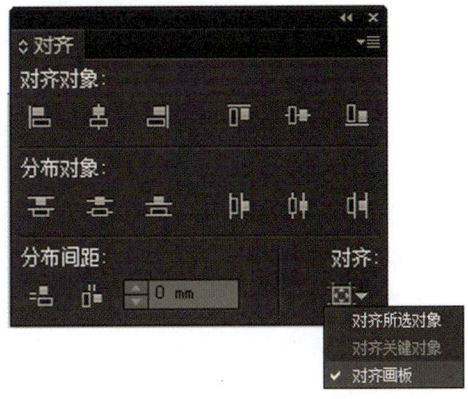

图 4-4　对齐操作

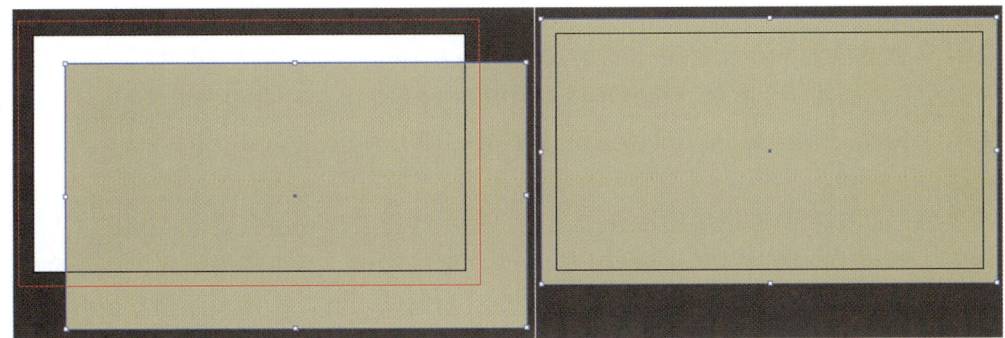

图 4-5　对齐效果

点击【窗口】→【图层】，双击图层 1，将图层 1 名称改为"背景"。新建图层 2，命名为"图形"，如图 4-6 所示。

点击【文件】→【置入】，置入扫描好的"名片样本"，设置【对齐画布】并点击【水平居中对齐】和【垂直居中对齐】。使用放大镜，拖动鼠标，使图案部分放大，并用钢笔工具，在"图形"图层上绘制图形，特别注意边缘图形必须绘制到出血位处，如图 4-7 所示。

绘制 Logo 等其他图形，制作完成的图形效果如图 4-8 所示。

（3）文字制作　新建图层 3，命名为"文字"，单击文字工具，在"文字"图层上，按名片样本的大小和位置，输入文字，字体与样本一致。单行和单列文字可单击输入文本，段落文本可使用文本框输入，方便调整字间距与行间距。

图 4-6　图层设置

图 4-7　出血设置

图 4-8　图形绘制完成效果

Logo 中文字"云南教育出版社"使用的是"金梅毛隶书"，英文使用的是"Swis 721 Ex BT 4"字体，若电脑中没有这种字体需要先安装字体。字体所需文件在"项目四/素材/任务一素材"文件夹中。

字体安装方法如下：复制字体安装文件，按照路径"C：\Windows\Fonts"进入 Fonts 文件夹，如图 4-9 所示，粘贴字体安装文件到 Fonts 文件夹即完成安装。

名片中的文字均为黑色，颜色应使用单黑，即 CMYK（0、0、0、100），如图 4-10 所示。

单黑色的文字和图形都需要做叠印设置，避免印刷时出现漏白现象，如图 4-11 所示。

注意：黑色文字印刷在其他颜色上时，文字笔画很细，如果不做叠印，由于套印误差的存在，很容易会在文字边缘产生白色的缝隙，即漏白。漏白会影响印刷品的美感，要解决漏白问题，需要在印前在相应的位置进行叠印或陷印设置。

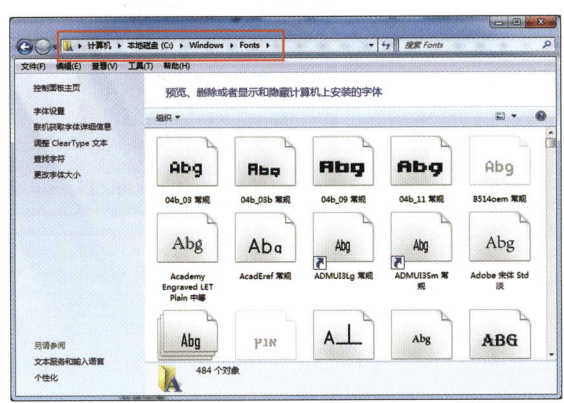

图 4-9　字体安装

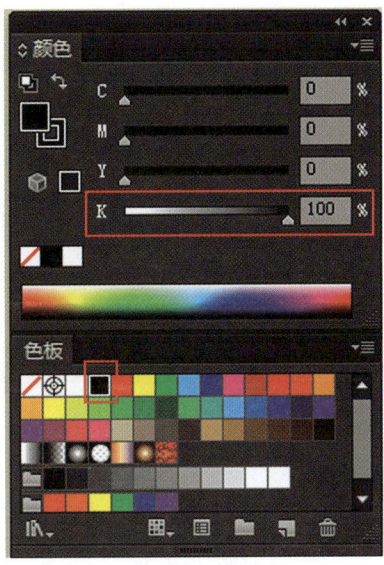

图 4-10　黑色文字颜色设置

（4）排版　将制作好的图形与文字，按照名片样本的位置放置。最终排好版的单张名片效果如图 4-12 所示。名片样图文件用完后，此时可以删除了。

图 4-11　黑色文字叠印设置

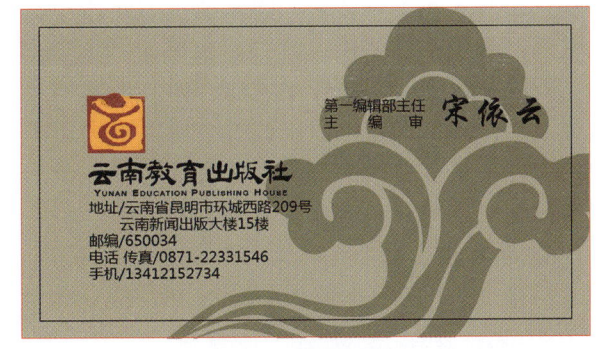

图 4-12　排好版的名片

（5）文件检查　名片制作，最害怕的是把名片上的文字信息弄错，如名字写错一个字、电话号码漏一个或错一个数字，网址、邮箱漏或错一个字母等。若等客户在名片印出来后才察觉，将造成很大的损失，因此文件的检查工作相当重要。核对名片信息时，要仔细核对名片上的数字和文字（至少三遍），保证信息与样本一致。

分色检查：【窗口】→【分色预览】，点击叠印预览，检查分色文件是否有错，如图 4-13 所示。尤其是单黑色文字有无做叠印，若未做叠印，在分色预览时，则在 CMY 版上的文字部位有白底出现，若黑色文字做了叠印，则没有，如图 4-14 所示。

图 4-13　分色预览

图 4-14　CMY 三色叠印预览

（6）保存名片排版文件　检查完后，点击【文件】→【存储】，将制作好的文件保存为"名片"。然后将文字转为曲线，再保存一个文件，命名为"名片（转曲）"。

文字转曲的方法：点击选择文字，右击鼠标"创建轮廓"命令，或者点击菜单栏的【文字】→【创建轮廓】命令，这样文字就转化为曲线。

注意：为避免文字发生字体冲突，预防客户电脑上没有相应字体，需要将文字转化为曲线，尤其是对于特殊文字的文字，例如名片中的"云南教育出版社"七字使用的是金梅毛隶书，为不常见字体，若客户电脑上没有这种字体，计算机将会用其他的字体取代显示，效果就改变了，而转化为曲线的文件就不会出现这种问题。但是，文件转为曲线后，若文字再出现错误就没法修改了，所以事先还需要保存一份文字未转曲线的文件。交给客户的文件，最好有两个，一个转曲线的，一个未转曲线，这样既避免客户电脑上没有相应的字体，又避免万一名片有错需要修改。

3. 名片拼大版

一张 A4 纸的大小为 210mm×297mm，名片尺寸为 96mm×56mm，计算可知最多可排 3×3 联。

（1）点击【文件】→【新建】，或按 Ctrl+N，显示"新建文档"命令对话框，如图4-15所示，设置"名称"为"名片拼大版"，大小为 A4，297mm×210mm，分辨率为 300dpi，颜色模式为 CMYK，上下左右出血均为 0mm。

（2）点击【文件】→【置入】，置入文件"名片（转曲）"，跳出"置入 PDF"对话框，选择"出血框"，这样置入进来的文件是带有出血的名片文档，大小是 96mm×56mm，如图 4-16 所示。

（3）点击置入的图片，单击【Enter】键或者点击【对象】→【变换】→【移动】，弹出"移动"对话框。将水平移动距离设置为 96mm，垂直移动位置设置为 0mm，点击【复制】，如图 4-17 所示，水平移动并复制名片一张，按【Ctrl+D】再制命令 1 次，再次移动并复制一张。

（4）将水平方向的三张名片同时选中，【Ctrl+G】进行编组，然后单击【Enter】键，再次弹出名片"移动"对话框，将水平移动距离设置为 0mm，垂直移动位置设置为 56mm，点击【复制】，如图 4-18 所示，在垂直方向移动并复制一组名片。按【Ctrl+D】

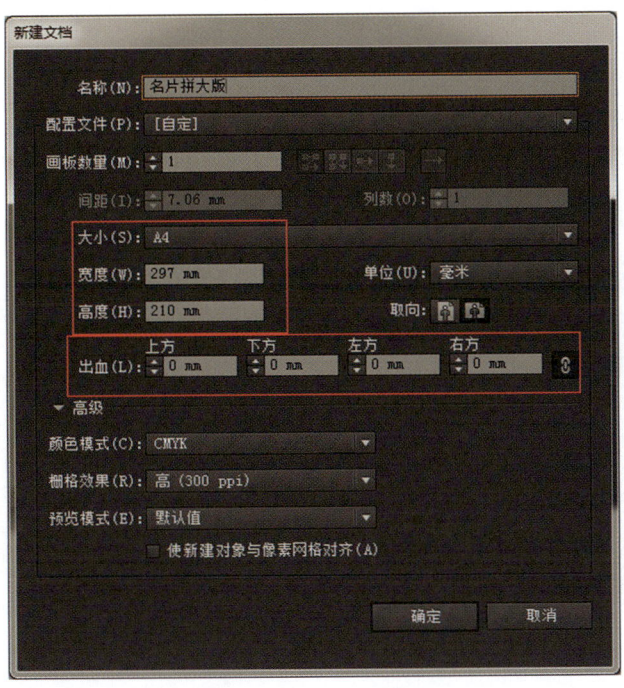

图 4-15 拼大版文档设置

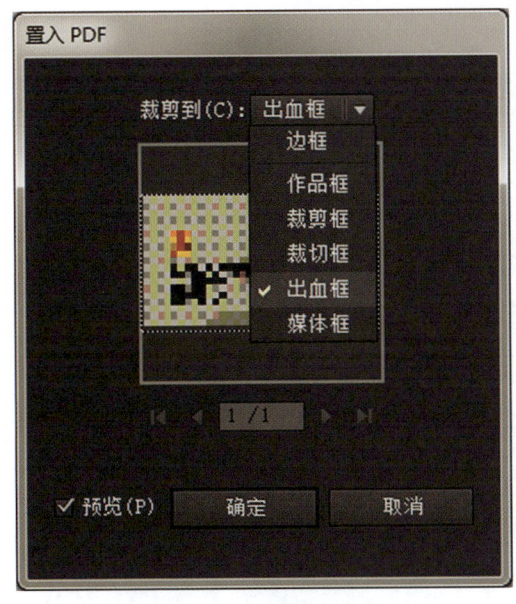

图 4-16 文档置入设置

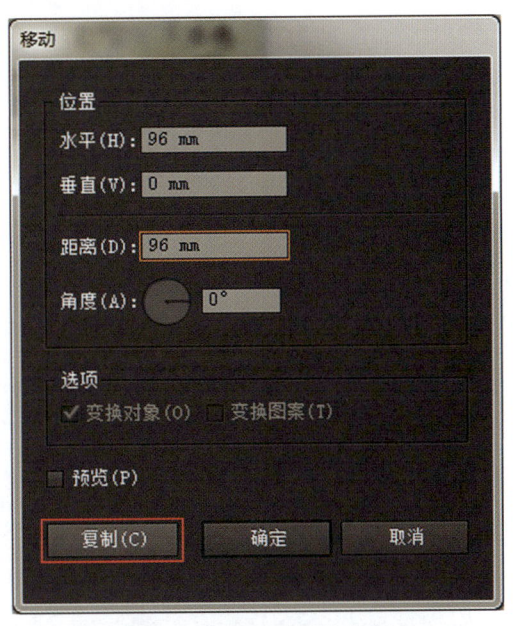

图 4-17 水平移动并复制

再制命令 1 次,再次移动并复制一组,最后获得 3×3 联名片。选中所有名片,【Ctrl+G】进行编组,并将编组对象对齐页面,水平垂直居中,如图 4-19 所示。

4. 添加规角线和色标

大版的规矩线、角线、裁切线、折页线、套准线、色标等可以通过软件自动加入,也可以自己绘制。下面以手动绘制为例,为名片的大版文件添加角线、裁切线、套准线以及

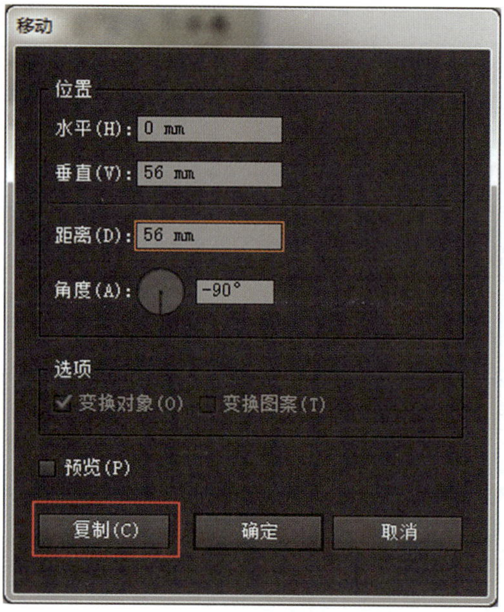

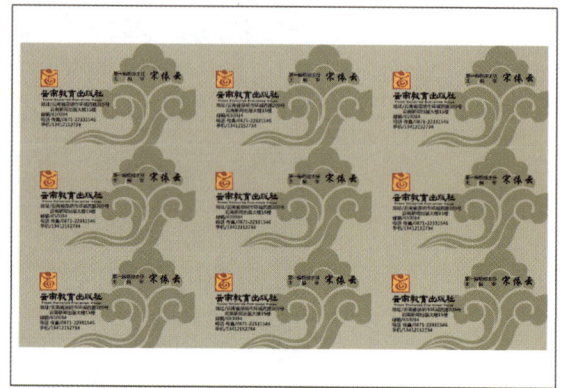

图4-18 垂直方向移动并复制

图4-19 3×3联名片拼版

色标。

（1）角线绘制　在工具栏中点击【直线段绘制工具】，设置线条绘制宽度为0.15mm，长度为3mm的短线，颜色使用套版色，如图4-20、图4-21所示设置。

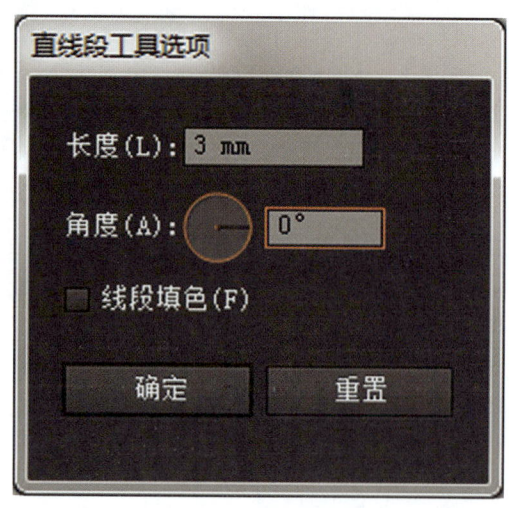

图4-20 绘制角线直线段

图4-21 规角线颜色设置

注意：在名片中绘制的线条或图形的描边时，其粗细尽量在 0.15mm 以上，否则印刷成品会出现断线的情况。

绘制一对垂直相交的直线段作为角线，将角线放置在群组的名片的左上角，当角线的交叉点与名片左上角的点出现"交叉"对齐即可，如图 4-22 所示。复制角线到名片群组的四个角，并交叉对齐，即完成角线绘制。

（2）裁切线绘制　选择左上角角线右边的短线，水平移动 3mm 并复制，选择再制后的短线，水平移动 90mm 并复制，选择再制后的短线，水平移动 6mm 并复制，重复后面两步，直到上方水平方向裁切线绘制好。然后选择所有上方水平方向的裁切线"Ctrl＋G"群组，将群组的裁切线垂直移动"56mm×3＋3mm"并复制，制作完成名片群组的下方裁切线。

图 4-22　角线放置

选择左上角角线下边的短线，垂直移动为 3mm 并复制，选择再制后的短线，垂直移动位置为 50mm 并复制，选择再制后的短线，垂直移动 6mm 并复制，重复后面两步，直到左侧垂直方向裁切线绘制好。然后选择所有左侧垂直方向的裁切线"Ctrl＋G"群组，将群组的裁切线垂直移动"96mm×3＋3mm"并复制，制作完成名片群组的右侧裁切线。

最终得到如图 4-23 所示效果。回过头来请思考，移动距离的设置有什么根据？

（3）套准线绘制　套准线类型有两种，如图 4-24 所示。可根据使用具体情况选择，最好是选第一种带圆形的，可观察或测量周向套准。

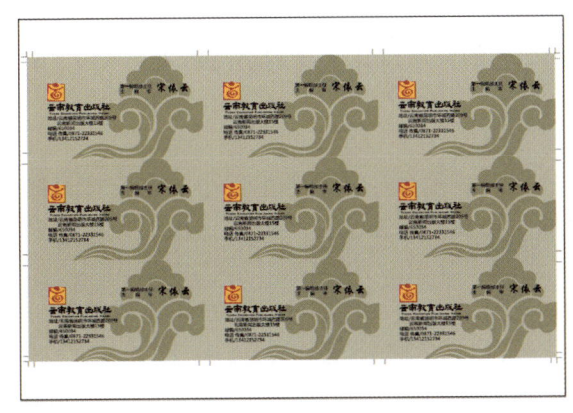

图 4-23　裁切线

图 4-24　套准十字线和色标

第一种规格：十字线长度 6mm，圆直径 3mm，线条粗细 0.15mm，颜色为套版色。
第二种规格：横线长度 6mm，竖线长度 6mm，线条粗细 0.15mm，颜色为套版色。
套准线需摆放置页面的上下左右中间，如图 4-25 所示。

（4）色标绘制　绘制四个正方形色标，大小为 5mm×5mm，颜色值分别为 K（0、0、0、100），C（100、0、0、0），M（0、100、0、0），Y（0、0、100、0），如图 4-24 所示。色标可放置在页面四边空白位，但是千万不能放置在图像内部。这样名片拼版完成，如图 4-25 所示。

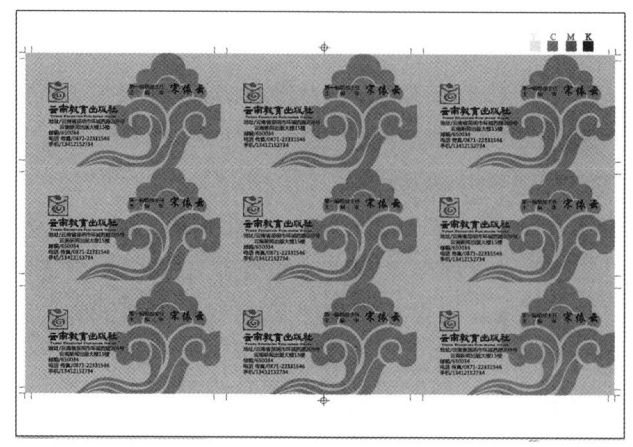

图 4-25 拼大版最终效果

详细分析解说和拓展

1. 常见纸张类型和选择

作为印前设计人员,需要对纸张的种类和用法有一定的了解。对于纸张的种类在以后项目中还会提及。纸张在选用时,通常以纸张定量来区分,即每平方米纸的重量(以克为单位)。比如某种铜版纸每平方米的重量是 157g,它就被称为"157 克铜版纸";如果每平方米的重量是 300g,它就被称为"300 克铜版纸"。定量的真正意图并不是给纸张称重。上述两种铜版纸,300g 的就比 157g 的厚。对不同的纸张,如果密度差异不是很大,那么通过定量也基本上可以比较它们的厚度,比如 100g 的胶版纸比 70g 的书写纸厚。

下面是一些常用印刷纸张类型。

(1) 铜版纸

特性:表面光滑,白度较高,纸质纤维分布均匀,厚薄一致,伸缩性小,有较好的弹性和较强的抗水性能和抗张性能,对油墨的吸收性与接受状态十分良好。铜版纸有单、双面两类。

主要用途:用于印刷画册、封面、明信片、名片、精美的产品样本以及彩色商标等。

定量:常见有 80、105、128、157、200、250、300、350(g/m^2)。

(2) 亚粉纸

特性:与铜版纸所不同的是该纸表面哑光,纸质纤维分布均匀,厚薄性好,密度高,弹性较好,且具有较强的抗水性能和抗张性能,对油墨的吸收性与接收状态略低于铜版纸,但厚度较铜版纸略高。

主要用途:用于印刷画册、卡片、明信片、精美的产品样本等。

定量:常见有 80、105、128、157、200、250、300、350(g/m^2)。

(3) 白卡纸

特性:是一种较厚实坚挺的白色卡纸,分黄芯和白芯两种。

主要用途:用于印刷名片、明信片、请柬、证书及包装装潢用的印刷品。

定量:250、300、350、400(g/m^2)。

（4）白板纸

特性：内芯为灰色，纸质厚实，坚挺，分灰底白和白底白两种。

主要用途：用于各种包装装潢用的印刷品。

定量：250、300、350、400（g/m²）。

（5）双胶纸

特性：适用广泛，质量稳定。

主要用途：用于各种说明书、信封、信笺等。

定量：60、70、80、90、100、120（g/m²）。

（6）书写纸

特性：书写纸是供墨水书写用的纸张，纸张要求写时不洇。

主要用途：用于印刷练习本、日记本、表格和账簿等。

定量：45、50、60、70、80（g/m²）。

（7）牛皮纸

特性：具有很高的拉力，有单光、双光、条纹、无纹等，分白牛皮和黄牛皮两种。

主要用途：用于包装纸、信封、纸袋等。

定量：60、70、80、100、120（g/m²）。

（8）艺术纸

特性：种类繁多，通常需要特殊的纸张加工设备和工艺，加工而成的成品纸张具有丰富的色彩和独特的纹路。

主要用途：应用于精美的书籍封面、画册、宣传册、请柬、贺卡、高档办公用纸、名片、高档包装用纸等方面。

（9）不干胶

特性：由于背面背胶，纸张较薄。分镜面、铜版、书写不干胶等，且黏性有差异。

主要用途：用于商标贴、包装等。

定量：70、80、90、100、120（g/m²）。

名片常用的纸张类型有以下几种：

（1）铜版纸（300g）　铜版纸的特点在于纸面非常光洁平整，平滑度高，光泽度好，是市场上名片的常用纸张，一般市面上85％都是300g铜版纸名片，不但价优且质量好。它除了纸面平整、白度高外，还使印出的图形、画面具有立体感，因而铜版纸广泛地用来印刷画报画册、名片、风景画、精美挂历、人物摄影图等，铜版纸是印刷厂主要使用的纸张之一。

（2）蛋壳纹纸，又叫绅士纸（250g）　绅士纸是在日本生产的花纹纸，表面呈现手螺纹一样四处延伸，色彩显像度高，立体感强，光洁平整。更有花纹纸一样的质感，白度好，手感突出。

（3）莱妮卡（250g）　属于美术纸类，纸张吸墨性强，印刷后色彩会稍沉，且具有布纹状纹路，是该纸类中较有质感的一种。

（4）荷兰白卡（250g）　白卡纸的特点是一种坚挺厚实、用量较大的厚纸。从前有人拟以定量为基准划分：纸张、卡纸和纸板；白卡纸还要求有较高的挺度、耐破度和平滑度，纸面平整、不许有条痕、斑点等纸病，也不许有翘曲变形的现象产生。白卡纸的主要用途：印刷名片、证书、请柬、封皮、邮政明信片等。

（5）水纹纸，又叫钢古纸（250g）　水纹纸为我国所发明，起源可上溯至唐代，早期水纹纸多用作信纸、诗笺、法帖纸。

（6）安格卡纸（240g）　安格卡，具有白卡纸的特性，但因纸有点状细纹，故具有不同的质感。

（7）冰白珠光纸（250g）　珠光纸张的色调可根据观看角度的变化而产生不同的色彩感觉。它的光泽是由光线弥散折射到纸张表面而形成，具有闪银效果，因此印刷具有金属特质的图案将会非常出色。它适合制作各类高档精美富有现代气息的时尚印刷品。

2. 印刷中文字制作要点

（1）字体缺失问题　有时候电脑上完全正常的文字，显示变成乱码，这通常是使用不恰当的字体造成的，有可能是汉字使用了英文字体，也有可能是出片公司的设备或软件不支持该字体等。那究竟印刷用什么字体比较好呢？目前正版方正、汉仪、文鼎系列的字体，以及绝大多数英文打印字体，在大多数出片公司是能够稳定输出的。Windows 和 MacOS 系统自带的字体，以及网上出现的许多很漂亮的中文字体，不能保证不出问题。具体情况可向合作的出片公司咨询。

解决字体缺失问题，最好是找到相应的字体安装在电脑上。如果使用了不常用的字体给输出公司出片时，把字体也一起打包好，或者在出片前将其转换为曲线，这样就可避免字体出错的问题，但转换为曲线后，文字就不能修改了。有时遇上生僻文字，所用的字体里面没有这个字，那还需要补字。

（2）中、英文字体使用问题　中文字符中常用的汉字有上千个，而英文只有 26 个字母及一些标点符号，因此中文字体的开发比英文字体复杂得多，种类也要少得多。印前制作时最好把中文字体备齐。中文字符不能使用英文字体，否则很容易出现乱码或空格；同样中文字体使用在英文字符上往往不如英文字体好看，如下面一段文字，中英文全部使用楷体，如图 4-26 所示。

电话：0769-67291234　E-mail：huning@163.com

图 4-26　中英文字体无区分

如果中文使用楷体，英文用 Times New Roman 字体，效果就好多了，如图 4-27 所示。

电话：0760-88291259　E-mail：huning @163.com

图 4-27　中英文字体有区分

中、英文字体的搭配也有讲究，通常是衬线体中文配衬线体英文。比如宋体搭配 Times New Roman、黑体搭配 Arial，如果反了就比较难看了，如图 4-28、图 4-29 所示。

云南教育出版社　云南教育出版社
YUNAN EDUCATION PUBLISHING HOUSE　YUNAN EDUCATION PUBLISHING HOUSE

图 4-28　正确的字体搭配

云 南 教 育 出 版 社　　云 南 教 育 出 版 社
YUNAN EDUCATION PUBLISHING HOUSE　YUNAN EDUCATION PUBLISHING HOUSE

图 4-29　错误的字体搭配

注意：

① 六号字以下的中文最好不要使用画笔太细的字体，比如宋体字，横笔画太细的字体，印刷时容易画笔缺失。

② 若文字中有中文、英文、数字，数字通常与英文字体相同，而不与中文相同。

③ 设计软件中有些软件能让文字加粗，例如"Heavy 效果""Bold 风格""加粗处理"等，这些处理对英文来说可以支持，输出效果较好，但是对中文字，有些输出文字有双影，故建议中文字体尽量不要加粗。

(3) 文字颜色问题　对于六号字以上的大一点的文字，文字颜色使用无需太多的注意。但对于六号字以下的小文字，最好不要使用多色套印的颜色；使用黑色必须是单黑色；最好不要反白文字，如果实在要用也要用笔画较粗的字体。

图形文件编辑时，与普通图形一样都是由轮廓色和填充色组成，注意在填充时若使用了轮廓色，要特别检查，若是小号文字最好不要使用轮廓色或者使用的轮廓色最好与填充色一致，否则套印困难，会给印刷增加难度。

此外，文字输入完成时要及时检查，保证正确率，最好打印出来核对。图文混排时，文字必须保证在图片上方。

3. 印刷中黑色的类型和使用技巧

(1) 单色黑　K100 的黑，用于黑色的文字、线条和小色块，或白色图文的黑色底，单色黑不含其他油墨，可避免套印不准的问题，文字笔画和线条可以很细。

(2) 双色黑　可在 100% 黑中加入 40% 的青，用于大面积黑色块或整页黑色底。因为如使用单色黑印刷时容易出现铺色不匀，但双色黑不适合使用在细笔画（线条的宽度不应小于 3mm，文字的字号不应小于 6 磅），否则会因套准偏差把笔画淹没。

(3) 多色黑　用于彩色文字、线条、色块和黑背景，例如，黑底红色所用的黑为 M100%、Y100%、K100% 时，不存在套准问题。

(4) 四色黑　青、品红、黄、黑均有较高的百分比，但未达到 100%，这种黑能够与彩色自然过渡，用于自然色图像的暗调。

(5) 套版色　C100%、M100%、Y100%、K100% 的黑，仅用于裁切标记、折叠标记、套准标记等页面外的标记线，四色油墨均 100% 是为了清楚地检查套准精度，若套不准，一条黑线将分成几条彩色线，在各种排版软件的调色板中都预置了套版色，不要把它和单色黑混淆了。

4. 叠印与陷印

彩色印刷一般是多色套印，印刷机在高速旋转下，会因机械或操作原因造成的套印误差在所难免。套印误差的存在，会在印刷品的相邻色块之间产生白色的缝隙，即漏白。漏白会影响印刷品的美感，要解决漏白问题，需要在印前在相应叠印或陷印设置。

叠印，又称压印，指底层色不镂空，上面的颜色叠在底色上。设置叠印是防止漏白的有效手段。通常文件中单黑色图形或某些专色图形，需要设置叠印，淡白色绝对不能叠印，因此输出前必须仔细检查这部分图形。

下面对黑色不叠印和叠印的效果进行比较，如图 4-30 和图 4-31 所示。如图 4-30 所示青色背景镂空，然后叠印黑色，印刷时稍微套印不准，就可能出现边缘漏白现象。如图 4-31 所示，青色背景上面叠印着黑色，降低印刷时难度，印刷时即使套印不准，也不会出现漏白现象，大大降低了印刷难度。

图 4-30　黑色不叠印造成边缘漏白

图 4-31　黑色叠印后不漏白

黑色油墨覆盖力很强，可叠印在其他颜色上，但其他色油墨却不能随意做叠印，否则颜色会有所改变，如图 4-32 所示将品红色叠印在青色上，颜色变蓝色。因此，这种情况只能底下镂空，但为了避免漏白，可以对其进行陷印设置。

图 4-32　品红色叠印后变成蓝色

陷印，又称补漏白，是指一种颜色的油墨印在另一种不同颜色油墨的相应被挖空的位置中，最简单的理解就是内缩和外延（变瘦/加肥），陷印设置实际上就是对边缘进行处理。

陷印的原则是在没有共同色或共同色含量少的颜色间生成共同色边界，这种方法可有效避免套印误差出现漏白，在图形和排版软件中一般都有陷印设置。陷印大小一般为 0.1mm，对于较小文字或线条，可适当降低，最小不能小于 0.05mm。如图 4-33 所示为文字的陷印处理效果。

陷印通常用于色彩对比比较强烈的图像，比如文字或色块类的图形图像，或专色图形图像，而对于普通的图像（如照片等连续调图像），则没必要进行陷印设置。

图 4-33　文字陷印处理

5. 陷印设置

（1）Photoshop 软件中实现陷印　新建文件，颜色模式为 CMYK 模式，用青色（C100％、M0％、Y0％、K0％）作为图像的背景色，输入品红色文字"印刷"，如图4-34所示。

将背景色图层与文字图层合并，如图 4-35 所示。

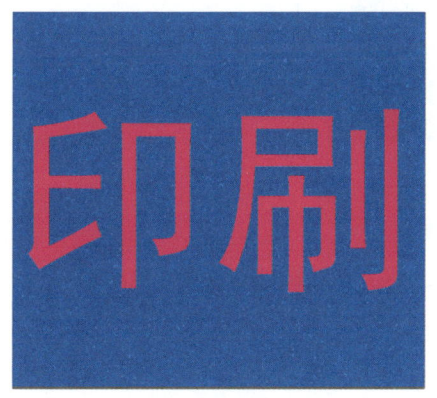

图 4-34　青色底品红色文字

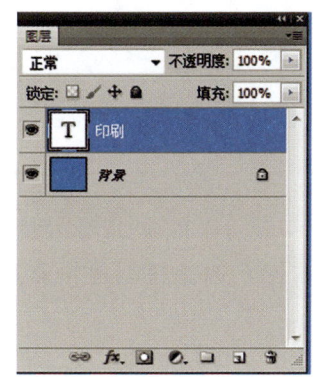

图 4-35　图层合并

点击选择【图像】→【陷印】，如图 4-36 所示，进入"陷印"对话框。在对话框中，"宽度"值为补偿边界的宽度，该值与印刷时色版的偏移量有关，数值大小等于四色印刷套印误差的总和，将陷印宽度值设为 3 个像素，点击确定，完成陷印设置，如图 4-37 所示，效果如图 4-38 所示。

图 4-36　陷印操作

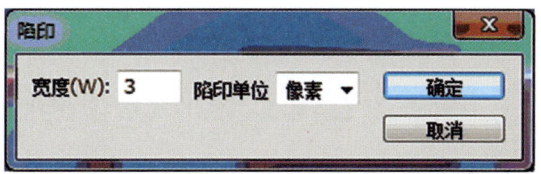

图 4-37　陷印设置

（2）Illustrator 软件中实现陷印　在 Illustrator 新建文档，画板中画一个矩形框并填充为青色，在矩形框中插入品红色文字"印刷"，如图 4-39 所示。

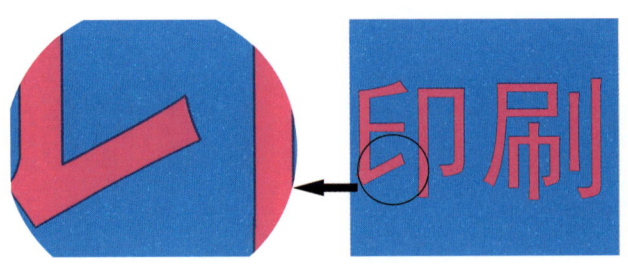

图 4-38 陷印效果

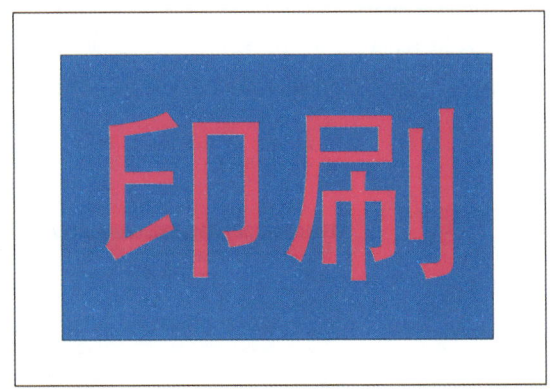

图 4-39 青色底品红色文字

选择文字,点击鼠标右键,选择【创建轮廓】命令,把文字创建为轮廓,如图 4-40 所示。

将矩形框和文字同时选中,在控制面板中选择【路径管理器】,点击右边黑色倒三角选择【陷印】按钮,如图 4-41 所示。

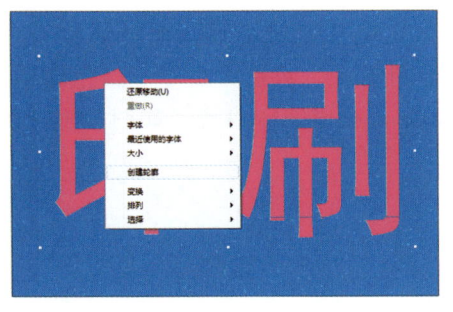

图 4-40 文字创建轮廓

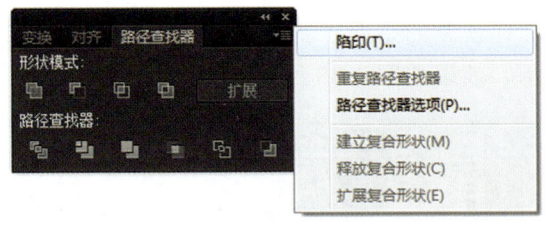

图 4-41 陷印操作

选择点击【陷印】,跳出【路径查找器陷印】对话框,进行陷印设置,如图 4-42 所示。

①【粗细】的范围在印刷生产中具体设置为多少,主要取决于承印纸张和印刷设备。

②【高度/宽度】比是指水平陷印和垂直陷印的比例,水平和垂直陷印设置不一致可以补偿印刷时的不均匀性,比如纸张的伸缩。

③【色调浓淡】值用来改变陷印的色调,默认 40%。"色调浓淡"值将减少被陷印的

较亮颜色的值，较暗颜色的值保持为100%。

④ 选中【印刷色陷印】时，将建立较亮的颜色陷印到较暗的颜色中。

⑤ 选中【反向陷印】时，用来把较暗的颜色陷印到较亮的颜色中。

把陷印【粗细】设为3pt，【高度/宽度】设为100%，【色调浓淡】设为40%，选中【印刷色陷印】，效果如图4-43所示。

把陷印【粗细】设为3pt，【高度/宽度】设为100%，【色调浓淡】设为40%，选中【反向陷印】时，效果如图4-44所示。

6. 缺字和补字

操作要求：客户要使用如图4-45所示的商标，用矢量图绘制商标图。操作分析：商

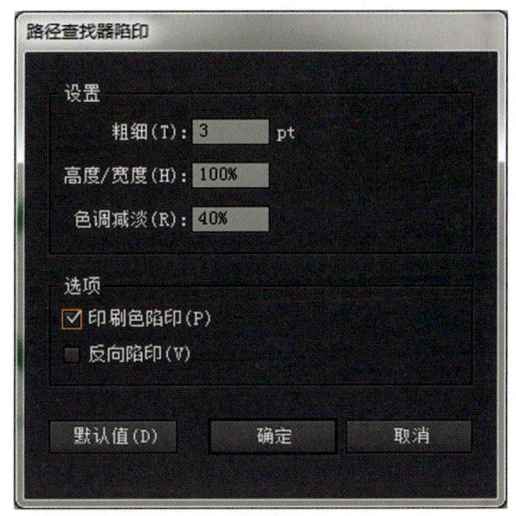

图4-42　陷印设置

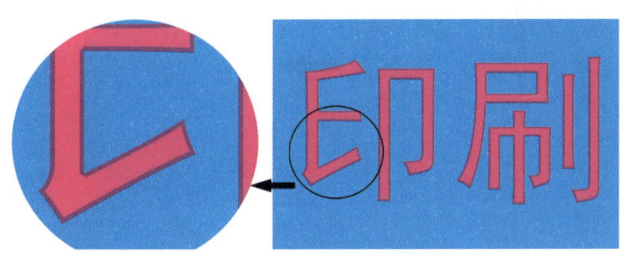

图4-43　印刷色陷印效果

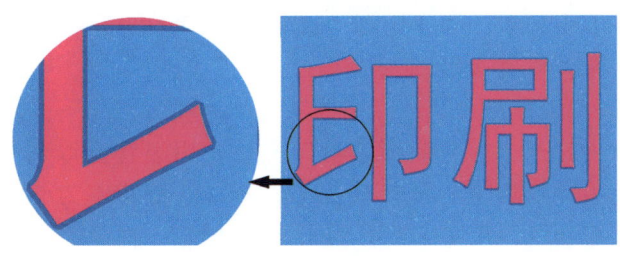

图4-44　反向陷印效果

标中的文字使用的是"华康少女文字"字体，但其中的"灯"没有这种字形，因此只能自己造字。

（1）图行软件中补字

① 安装"华康少女文字"字体。打开文件夹"项目四/详细分析解说和拓展"，复制"DFPGBSN5"字体（华康少女文字），按路径"C:\Windows\Fonts"打开系统文件里面的字体文件夹，将复制的字体黏贴到此文件中即可（同样若是要卸载字体，只需要从字体文件夹中删除此字体即可）。

② 打开AI软件，新建文件，置入"客户商标素

图4-45　客户商标素材

材"，商标图形部分使用钢笔工具绘制，这里就不再多加阐述，主要阐述文字制作部分内容。

图 4-46 缺字

用吸管吸取素材的颜色，设置为文字颜色，输入文字"美琳琢奵服饰"，选择"华康少女文字"字体，显示如图 4-46 所示，可以发现"奵"没有改变过来。接下里要对"奵"做单独处理。可以分析"奵"由"女＋丁"组成，可利用"姓"字的左半部分和"汀"字的右半部分组合而成。

输入字体大小相同的"姓"，按点击右键将选择【创建轮廓】，将文字转成轮廓，然后点击选择工具栏的【橡皮擦工具】，将右半边的"生"字擦除，剩下"女"字部分。输入字体大小相同的"汀"字，用同样的方法将"汀"的左边擦除，如图 4-47 所示。

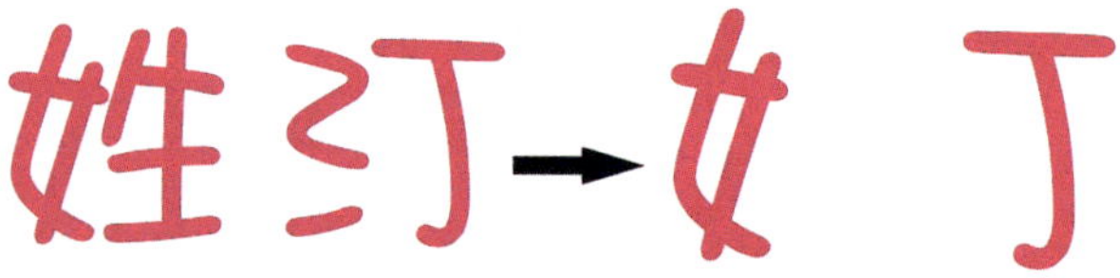

图 4-47 擦除后的字

接下来，将"女"字部分和"丁"字部分放在一起，大小可参考同样字号的"姓"字，组成 20Pt 大小的文字"奵"，如图 4-48 所示。最后将制作好的"奵"群组，放在对应的位置即可。

（2）在 Photoshop 中补字 同样用如上所示的方法先安装"华康少女文字"字体。

图 4-48 造字效果

在 Photoshop 软件打开"客户商标素材"文件，用吸管吸取文字颜色，设置为前景色，创建前景色为色板。新建一个大小 10mm×10mm，分辨率为 900dpi 的文件，使用刚刚设置的前景色为文字颜色。用文字工具输入文字"姓"，选择"华康少女文字"，设置字号为 20Pt，然后使用【裁切】工具裁切，使其基本能占满画布。

新建一个文字图层，在新图层中输入"汀"字，字体字号不变。选择两个图层，右击鼠标，执行【转换为形状】，如图 4-49 所示。

注意：文字装换为形状，变成文字路径，保持了矢量性，千万不能使用【栅格化】。否则文字将变成位图。

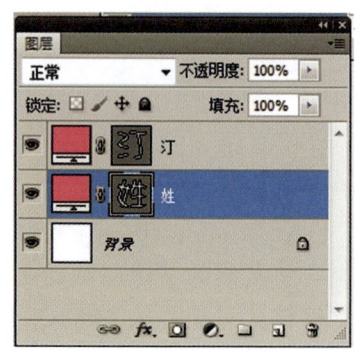

图 4-49 文字转换为形状

隐藏"汀"字所在图层，选择"姓"字图层，用【直接选择工具】选择"姓"字的右半边，按 Delete 键删除右边"生"的锚点，剩下左边的"女"字部分。用同样的方法去除"汀"字的左边。同时显示两个图层，可见"奵"字。删除背景图层，如图 4-50 所示。将文字另存为 EPS 格式，勾选"包含矢量数据"，文件名为"灯"。

注意：删除背景的目的是使背景变透明，否则文字底下有白色背景不方便使用。

打开 AI 软件，新建文件，导入"灯"字文件，点击【嵌入】待用。用文字工具输入"美琳琢灯"，选择"华康少女文字"字体，20Pt，"灯"无法用该字体显示，说明缺字形。删除无法正确显示的"灯"字，空出适当的位置，将嵌入的"灯"字放在正确的位置，并适当缩放大小，使其与其他文字大小相当。然后使用钢笔绘制其他部分，效果如图 4-51 所示。

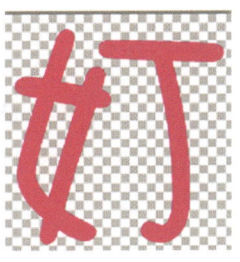

图 4-50　灯字

7. 图形文件的基本检查

操作要求：客户提供 PDF 不干胶标签产品，成品尺寸为 50mm×40mm，见"项目四/详细分析解说和拓展"文件夹，要求检查文件中的问题，并作修改，如图 5-52 所示。

图 4-51　最终效果

图 4-52　客户提供的 logo 文件

操作分析：客户提供的矢量文件不一定能直接排版印刷，一定要检查文件是否合格，才能进行排版。检查基本内容主要有：尺寸、颜色、出血等。

操作步骤如下：

（1）检查文件尺寸是否符合要求　在 AI 软件新建页面，置入标签 PDF 文件，弹出对话框如图 4-53 所示，选择【裁剪框】，并点击【确定】，点击嵌入图像。

点击【编辑】菜单下的【透明度拼合器预设】选择"高分辨率"，如图 4-54 所示，此时对象是一个群组对象，右击鼠标【取消群组】或按快捷键 Shift＋Ctrl＋G，此时对象前方有一个剪切蒙版，右击鼠标【释放剪贴蒙版】，此时对象仍是一个群组对象，右击鼠标【取消群组】，选中图像的外框线，并删除，如图 4-55 所示。

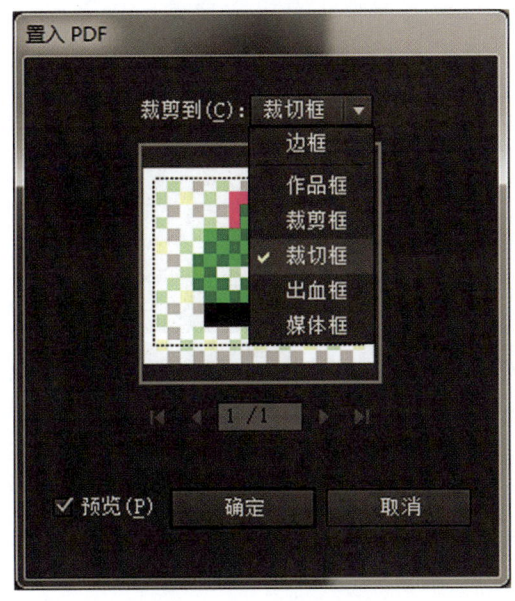

图 4-53　置入 PDF 文档

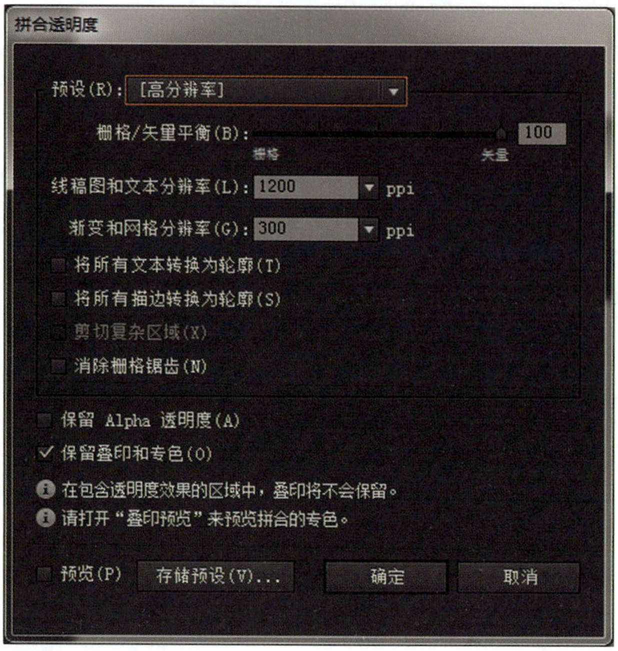

图 4-54　拼合透明度

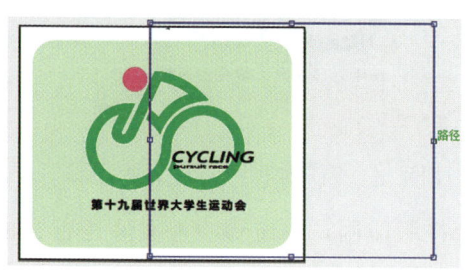

图 4-55　图像外框线

（2）检查颜色　检查文档是否使用到专色，文档中的黑色需要叠印，白色绝对不能叠印，文字和线条若是黑色最好使用单黑色。

打开【分色预览】面板，可以看到标签中的绿色图案与底色是同色系，因此此时的绿色区域不需要做陷印处理，如图 4-56 所示。看到玫红色区域为专色，专色需要叠印设置，如图 4-57 所示。

图 4-56　分色设置

选中文档中的黑色文字，点击【选择】菜单下的【相同】→【填色和描边】或按 Ctrl＋6 键，选中相同的填色图形，查看属性，看黑色是否做了叠印，如图 4-58 所示。

若叠印填充处的方框显示打钩表示全部做了叠印，显示实心方框表示部分做了叠印，此例子黑色文字需要做叠印。检查完后点击【对象】菜单下的【隐藏】或按 Ctrl＋3 键，隐藏图的目的是让检查完的图形先隐藏而不影响其他图像检查，另外可以把遮挡住的图像显示出来。

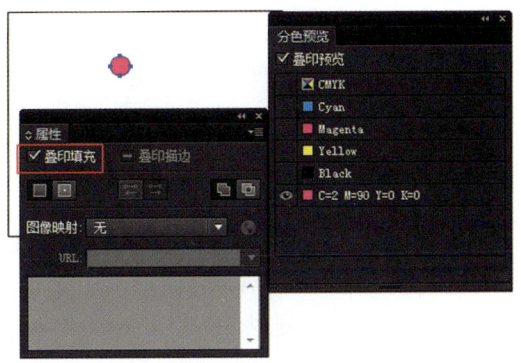

图 4-57　专色叠印设置

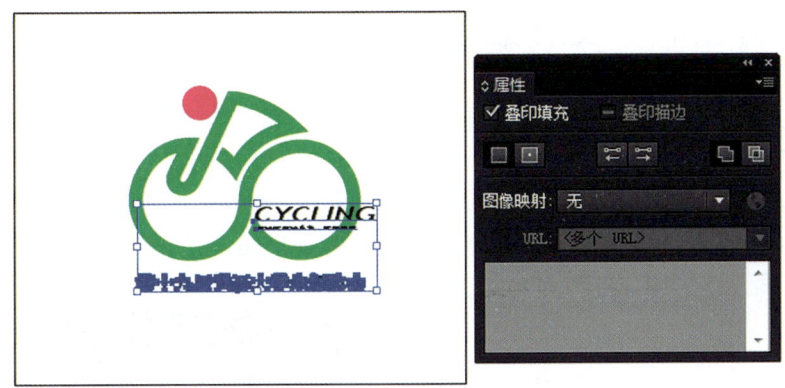

图 4-58　黑色文字叠印设置

黑色文字隐藏后发现下面有白色文字，选中文档中的白色文字，点击【选择】菜单下的【相同】→【填色和描边】或按 Ctrl＋6 键，选中相同的填色图形，查看属性，看白色是否做了叠印，如图 4-59 所示，白色文字不需要叠印。

（3）检查文件中是否有多余的内容，若有多余内容必须删除。

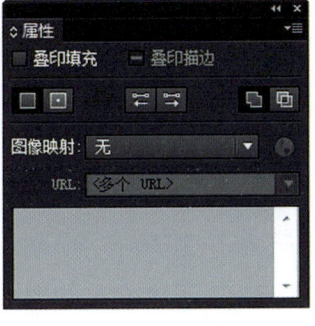

图 4-59　白色文字不需要叠印设置

(4)检查文件出血是否正确,成品尺寸为 50mm×40mm,标签文件尺寸是 56mm×46mm,说明图形已经做过出血,可以直接拼版输出。

(5)保存改版后的文件,养成习惯把文件名加上日期和"改版"两字,并存放到指定文件夹,以方便其他同事查找文件。

练习:对"项目四/素材/详细分析解说和拓展"文件夹中的其他 PDF 文件进行检查。

8. 简单文件排版

操作要求:客户提供 PDF 不干胶标签产品,要求不干胶标签拼版,成品尺寸为 50mm×40mm,大版为 A4 幅面,横拼 5 排,竖拼 4 列。

操作分析:客户提供 PDF 文件,必须先对所有文件进行检查,然后进行拼版操作。要注意客户给的标签文件尺寸为 56mm×46mm,而成品尺寸为 50mm×40mm,所以可以直接拼大版。

操作步骤如下:

(1)文件检查 新建文件,A4 幅面,横向,300dpi。导入 PDF 文件。参照前面检查文件的方式和内容,对 PDF 文件进行检查,检查完毕后开始拼大版。

(2)模切图层拼大版 新建图层 2,改名为"模切图层"(或改名为"DC",DC 为行业通行名词,表示模切层的意思),选中底色圆角矩形路径,点击【复制路径】,将复制的路径名称改为"DC",拖到 DC 图层上,将圆角矩形的填充色取消,描边设为黑色,宽度为 0.15mm,如图 4-60 所示。因为成品尺寸是 50mm×40mm,因此需要将圆角矩形高度和宽度都缩小 6mm,在【属性栏】的宽和高的位置分别输入"50"和"40"即可。

图 4-60 模切图设置

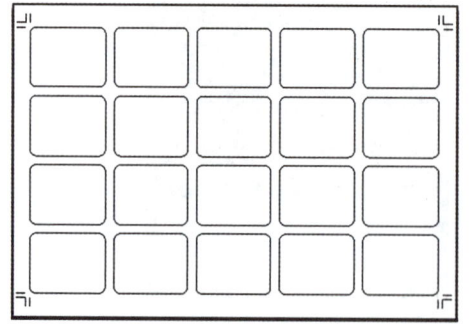

图 4-61 模切图大版

现在可对模切图进行拼大版,计算平移距离;根据客户要求,成品与成品间距 6mm,因此圆角矩形水平方向移动距离 56mm,垂直方向移动距离 46mm。先隐藏图层 1 内容,选择修改好的圆角矩形,敲回车键,弹出平移对话框,水平输入 56mm,点击【复制】,然后按 Ctrl+D 在制,水平方向拼 5 个。同时选中 5 个圆角矩形,用同样的方法在垂直方向也拼四 4 行。拼完后,同时选中所有圆角矩形,点击【群组】，添加角线，拼好的模切图层如图 4-61 所示。

（3）胶印图层拼大版　将图层 1 改名为"胶印图层"，用上面相同的拼版方式，将需要印刷的图像进行拼大版。将标签和模切图的拼版图垂直水平对齐。将模切图层上的角线原位复制黏贴到"胶印图层"上，并在右下角加入色标（必要时还可加入文件名、网线数等信息），最后得到的拼版效果，如图 4-62 所示。

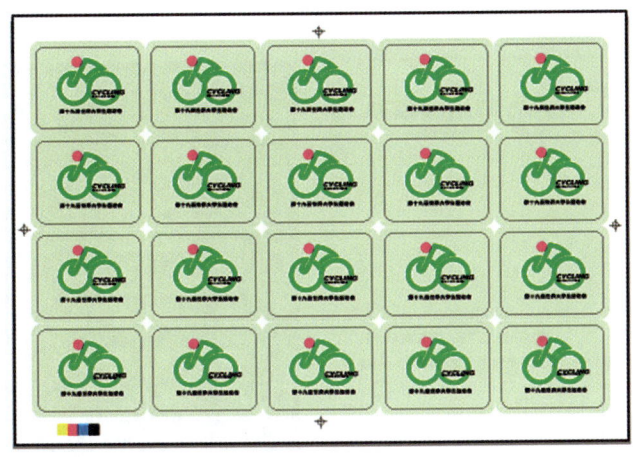

图 4-62　印刷图大版

练习：对"项目四/详细分析解说和拓展"文件夹中的其他 PDF 文件进行拼大版，成品尺寸 100mm×50mm，拼成 A3 幅面大版。

任务二　名片的制作（二）

任务背景

要求设计制作名片，提供了 Logo、名片样本以及制作名片所需的相关资料，见"项目四/任务二素材"文件夹。

名片大小 90mm×55mm，四色印刷、材料为 250g 冰白纸。打样材料选择 A4 幅面 250g 彩色喷墨打印纸。

任务要求

1. 使用提供的素材完成名片设计制作稿。
2. 完成拼大版。
3. 彩色打样名片。

任务素材

名片样本、名片信息、Logo、修改内容说明。

任务分析

客户给出名片样本,需要根据样本和已有的素材完成名片设计。

需要注意:

① 此名片为正反两面,拼大版需要拼正反两面,打样也需要双面打样。

② 名片标准色:C72%、M46%、Y0%、K0%,最终效果图如图 4-63 所示。

图 4-63 最终效果

项目五　三折页宣传单的制作

知识目标

1. 掌握字符面板属性和段落面板属性。
2. 了解字符样式和段落样式。
3. 掌握三折页的结构及排版顺序。
4. 掌握文件检查的内容。
5. 熟悉 PDF 文件格式。

能力目标

1. 能够修改文字属性，如字体、字号、颜色等。
2. 能够在 AI 里面进行文件检查。
3. 能够生成适合印刷用的 PDF 文件。

课时安排

10 课时（讲课 2 课时，实践 8 课时）

任务参考效果图

任务一　　设计制作媒体传播系宣传单

任务背景

2017 年 9 月 16 日是大一新生入学报到的时间，为了让新生充分的了解自己所学专业和所在系部的情况，媒体传播系需要制作一个三折页宣传单，向新生介绍系部组织机构、三个专业的培养目标、主干课程及就业方向等情况。

任务要求

设计制作一张宣传介绍媒体传播系专业情况的三折页宣传单，制作完成后存储为 PDF 格式并用数字印刷机印制出来。

尺寸要求：三折页宣传单成品尺寸为：285mm×210mm。

任务素材

提供宣传单所需的 Logo 及文字信息。

任务分析

按照三折页的排版顺序排好各个页面，然后进行文件检查，检查无误后将文字转为曲线，将文件保存为适合印刷用的 PDF 格式的文件。根据数字印刷机的最大印刷面积（或纸张大小）进行拼版，加裁切线、套准线和测控条，最后输出为 PDF 格式以备上机印刷。

操作步骤详解

（1）打开 AI 软件，执行【文件】→【新建】命令，如图 5-1 所示，在弹出的对话框中设置文件尺寸，宽度 285mm，高度 210mm，画板数为 2，出血上下左右各设置为 3mm。文件颜色模式为 CMYK 模式，单击【更多设置】，弹出如图 5-2 所示对话框，输入新建文

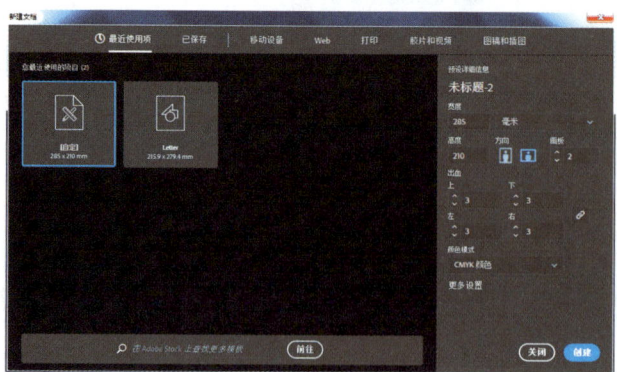

图 5-1　新建文件

件名称：三折页宣传单，设置分辨率为高 300ppi，单击【创建文件】。

（2）在新建的 2 页文档中，按下 Ctrl+R 键显示文件的标尺。以第一页页面左上角（不含出血位）为原点，拉 $X=95$ 和 $X=190$ 两条参考线。然后将鼠标放在横向标尺和纵向标尺相交的位置，按下鼠标左键拖动到第二页页面左上角的位置松开鼠标左键，以第二页页面左上角（不含出血位）为原点，拉 $X=95$ 和 $X=190$ 两条参考线，如图 5-3 所示。三折页排版顺序如图 5-4 所示，封面、封底、P2 内容排在纸张的一面，P1、P2、P3 排在纸张的一面。

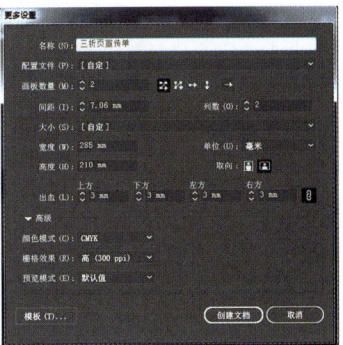

图 5-2　新建文件

图 5-3　拉参考线

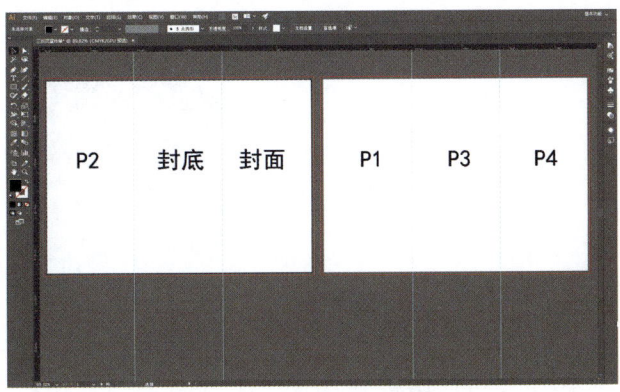

图 5-4　三折页排版顺序

（3）首先进行封面的排版。将图片"校徽高清版"和"校名"置入到文档中，调整大小放至封面合适的位置。输入文字"2017"，在选项栏中设置【字体】为 Arial Black，【字体样式】为 Bold，【字号】为 19pt，颜色为 M67Y100。输入文字"媒体传播系"，在选项栏中设置【字体】为时尚中黑简，【字号】为 36pt，颜色为 K100。

（4）用钢笔工具绘制如图 5-5 所示图形并填充线性渐变。渐变角度为 90°，起点颜色滑块的颜色值为 C49，位置为 11.51%。终点颜色滑块的颜色值为 C100M72，位置为100％。

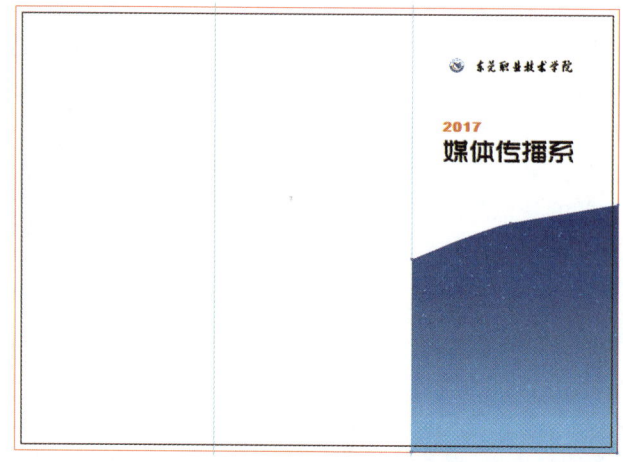

图 5-5　钢笔工具绘制图形

（5）用钢笔工具绘制如图 5-6 所示两个图形并分别填充线性渐变。第一个图形渐变角度为 0°，起点颜色滑块的颜色值为 Y77，位置为 0。终点颜色滑块的颜色值为 M80Y100，位置为 100％。第二个图形渐变角度为 180°，起点颜色滑块的颜色值为 Y77，位置为 0。终点颜色滑块的颜色值为 M80Y100，位置为 100％。

图 5-6　钢笔工具绘制图形并填充渐变

（6）输入文字"崇德笃行精技创新"，在选项栏中设置【字体】为汉仪中黑简，【字号】为 21pt，颜色为白色，不透明度为 56％。输入文字"中国东莞"，在选项栏中设置【字体】为方正大黑_GBK，【字号】为 14pt，颜色为 K100。封面制作完成，效果图如图 5-7 所示。

（7）将图片"校徽高清版"置入到文档中，调整大小放至封底合适的位置。输入文字"东莞职业技术学院媒体传播系"，在选项栏中设置【字体】为黑体，【字号】为 14pt，颜色为 K100。输入地址、网址和邮编的文字内容，在选项栏中设置【字体】为黑体，【字号】为 8pt，颜色为 K100。封底制作完成，效果图如图 5-8 所示。

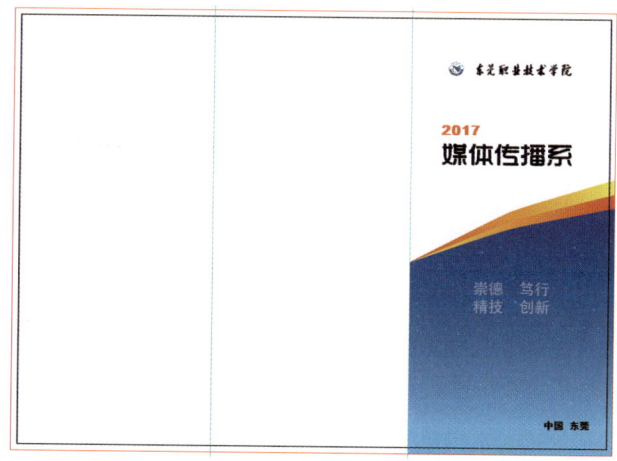

图 5-7　封面效果图

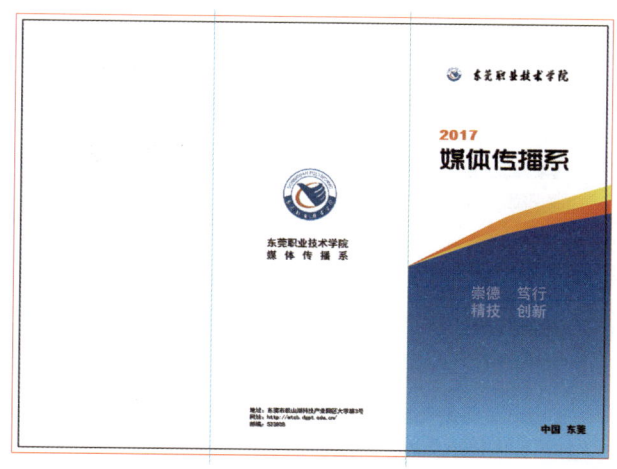

图 5-8　封底效果图

（8）在 P2 页面的顶端绘制矩形，尺寸为 82mm×12mm，填充颜色 M57Y100，再绘制一个边长为 12mm 的正方形，填充颜色 C100M22。将上述两个矩形复制一份放置到 P2 页面的底部，与出血框对齐。绘制边长为 9.5mm 和 7.5mm 的正方形各一个，分别填充颜色 C32 和 Y71。将两个正方形叠加在一起，按下 Ctrl+G 键成组。效果图如图 5-9 所示。

（9）输入并选择文字"机构设置"，打开【字符样式】面板，新建名称为"字符样式 1"的字符样式，双击打开字符样式选项，设置字符格式：黑体，18pt，蓝色。输入并选择文字"专业设置"，打开【字符样式】面板，新建名称为"字符样式 2"的字符样式，双击打开字符样式选项，设置字符格式：黑体，12pt，黑色。输入并选择文字"党团机构"，单击"字符样式 2"应用字符样式 2 的格式。在"专业设置"和"党团机构"下面各绘制一条装饰线：长 48mm，描边粗 2pt，颜色为 K45。绘制矩形，尺寸为 48mm×宽 8mm，复制出来 6 份，分别填充如下颜色：C98、C85M73Y100、M77Y100、C95Y78、C60M100Y36、C75M66Y75K48、M66Y75K11，效果图如图 5-10 所示。

图 5-9　P2 页图形的绘制

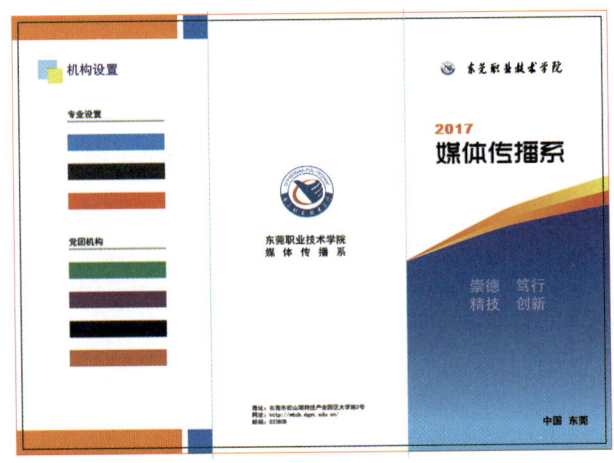

图 5-10　矩形的绘制

（10）新建名称为"字符样式 3"的字符样式，双击打开字符样式选项，设置字符格式：创意简黑体，10pt，白色。分别输入专业设置和党团机构的文字内容，并应用字符样式 3 的格式，P2 页面制作完成，效果图如图 5-11 所示。

（11）三折页打开时，P1、P3、P4 页面同时呈现在客户面前，这三页同时进行排版。在页面顶端绘制矩形，尺寸为 166mm×12mm，颜色 M57Y100。再绘制尺寸为 42mm×12mm 的矩形，填充颜色 C100M22。在页面底端绘制两个如图 5-12 所示梯形，填充颜色分别为 M57Y100、C100M22。

（12）输入并选择"媒体传播系简介"，应用"字符样式 1"的格式。置入媒体传播系简介的内容文字，打开【段落样式】面板，新建名称为"段落样式 1"的段落样式，双击打开段落样式选项，设置段落样式：【字体系列】宋体，【大小】9pt，【行距】14pt，【对齐方式】左对齐，【左缩进】2pt，【首行缩进】19pt，【右缩进】2pt，【段前间距】3pt，【避头尾集】严格，【避头尾类型】先推入，【中文标点溢出】常规。P1 效果图如图 5-13 所示。

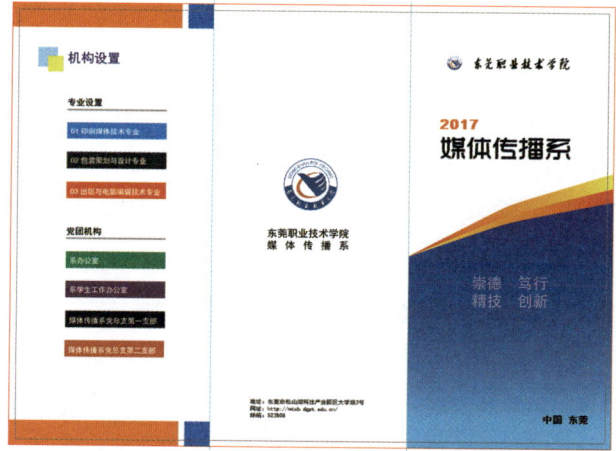

图 5-11　封面、封底、P2 效果图

图 5-12　绘制图形

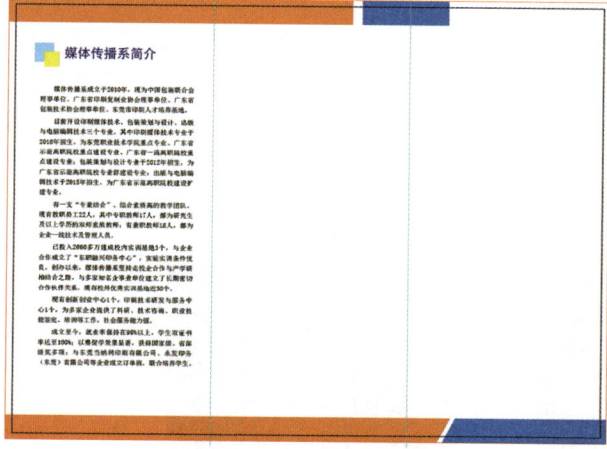

图 5-13　P1 页面排版

（13）输入并选择"专业介绍",应用"字符样式1"的格式。输入并选择"印刷媒体技术专业",应用"字符样式2"的格式。在文字"印刷媒体技术专业"下面绘制76mm的直线,描边粗2pt,描边颜色为C100M22。输入并选择文字"培养目标",打开【字符样式】面板,新建名称为"字符样式4"的字符样式,双击打开字符样式选项,设置字符格式：方正黑体_GBK,10pt,颜色M80Y95。输入并选择培养目标的内容文字,应用"段落样式1"的段落样式。输入其他文字内容,排版步骤重复步骤13。P1、P3、P4排好版后如图5-14所示。

图5-14　P1、P3、P4排版效果

（14）三折页制作完成后,在输出PDF之前要进行文件检查。可以通过AI软件本身的功能进行检查,也可借助其他专业预检类软件辅助进行,如Pitstop插件等。本案例直接在AI软件中进行文件检查。从【文件】菜单中选取【文档设置】,弹出如图5-15所示对话框,单击【编辑画板】,在画布上出现一个虚线框,虚线框的尺寸就是成品尺寸。检查文件的纵横排式、文档尺寸设定,有没有预留出血位。此外,检查物件是否置入页面范围内,如否,需人为调整。从窗口中打开【链接】面板,查看到文件中所用到的图像,从图5-16右侧所显示的图标可知其状态正常,图片已经嵌入文档内。从【文件】菜单中选择色彩模式,查看是CMYK还是RGB,如是RGB需更改为CMYK。最后为避免输出时产生的错误,可从【对象】菜单下选择【路径】,之后点击【清理】,在弹出如图5-17所示的面板中,选择三项（游离点、未上色对象和空文本路径）,单击确定即可删除。

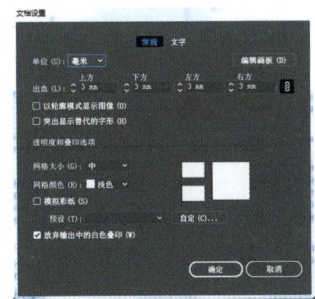

图5-15　文档设置

图5-16　链接面板

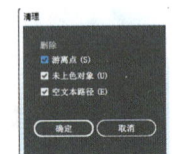

图5-17　清理面板

(15) 文件检查无误后,将三折页中的文字转成曲线,存储为 PDF 格式。由于三折页要在数字印刷机上印刷,数字印刷机的最大印刷面积为 450mm×317mm,三折页宣传册的成品尺寸为 285mm×210mm,计算拼版联数为 1×2 联。

(16) 在 AI 文件中执行【文件】→【新建】命令,新建文件尺寸为 450mm×317mm,画板数为 1,出血上下左右各设置为 0。文件颜色模式为 CMYK 模式,单击【更多设置】,输入新建文件名称:三折页宣传单拼版,设置分辨率为高 300ppi,单击【创建文件】。将三折页的 PDF 文件置入到拼版文件中,采用自翻版拼版方式。按文件位置和顺序拼好版后,加裁切线、套准线和测控条。裁切线和套准线线粗 0.1mm,颜色都为套版色。最终拼版效果图如图 5-18 所示。

图 5-18　三折页拼版

详细分析解说和拓展

1. 设置文字格式

选择【窗口】→【文字】→【字符】,显示字符面板,如图 5-19 所示。

(1) 设置字体与字体样式

设置字体：在字体选项中选择一种字体。

设置字体样式：在字体样式选项中选择一种样式。

(2) 调整文字大小与缩放比例

设置字体大小：在字体大小选项中设置文字大小。

设置水平缩放比例：在水平缩放选项中设置文字水平缩放比例。

设置垂直缩放比例：在垂直缩放选项中设置文字垂直缩放比例。

图 5-19　字符面板

(3) 设置行距、字距与空格

设置行距：在设置行距选项中指定行距。行距是由某行文字的基线到其上方一行文字的基线之间的距离,默认的自动行距为字体大小的 120%。

设置字距：在字符间距调整选项中设置文字间的间隔距离。对于罗马和日文字体,可以在字距微调选项栏选择"自动"和"视觉"微调间距。

使用空格：插入空格(前)选项栏可以在字符之前添加空格;插入空格(后)选

项栏可以在字符之后添加空格；在指定比例间距选项栏输入百分比可以压缩字符间的空格。设定的百分比越高，字符间的空格越窄。

按 Alt＋左右方向键可以更改字距，按 Alt＋上下方向键可以更改字距。

（4）设置上下标与基线偏移

设置上下标：选择要更改的文字，从字符面板菜单中选择"上标"或"下标"。

设置基线偏移：在基线偏移选项中输入偏移值，正数向上偏移，负数向下偏移。

（5）旋转文字

在字符旋转选项中输入旋转的角度，正数逆时针旋转，负数顺时针旋转。

（6）添加下划线和删除线

添加下划线：选择文字后，单击下划线按钮。

添加删除线：选择文字后，单击删除线按钮。

下划线和删除线的默认粗细取决于文字的大小。

（7）设置亚洲字符格式

设置垂直罗马对齐方式：在面板菜单中选择"标准垂直罗马对齐方式"可以将直排的半角字符旋转方向。

使用直排内横排：在面板菜单中选择"直排内横排"可使直排文字中的半角字符（如数字等）横排以易于阅读。

使用分行缩排：在面板菜单中选择"分行缩排"可以将所选文本的文字大小缩小为原大小的一定比例，并根据原来文字的方向，将文字水平或垂直排列成多行。

（8）统一大小写

设置全部大写：在面板菜单中选择"全部大写"可以将所选文字全部变为大写。

设置小型大写：在面板菜单中选择"小型大写"可以将所选文字全部变为小型大写。

（9）不断字

在面板菜单中选择"不断字"可以防止单词在行尾断开出现阅读错误。

2. 设置段落格式

可以通过段落面板设置段落的格式。选择【窗口】→【文字】→【段落】，显示段落面板，如图 5-20 所示。

图 5-20　段落面板

（1）设置文字对齐方式

这一排按钮分别是左对齐、居中对齐、右对齐，但不考虑另一边是否平整。

分别是末行左对齐、末行居中对齐、末行右对齐、全部两端对齐，整个文字块两边平整。

（2）设置行首及左右缩进

左缩进：让整个段落左边留一定的空白。

右缩进：让整个段落右边留一定的空白。

首行左缩进：让首行的第一个字符左边留空。

（3）设置段前间距与段后间距

段前间距：调整此段与前段之间的距离。

段后间距：调整此段与后段之间的距离。

（4）使用连字

选择面板底端的【连字☑连字】选项可以将断行的单词连字。

（5）使用避头尾

避头尾字符是指按照中文排版规则，那些不能位于行首或行尾的字符。在【避头尾集】的下拉菜单中选择【严格】，一般能达到中文排版要求。若要增删避头尾字符，可选择此下拉菜单中的【避头尾设置】。

（6）使用标点挤压

标点挤压是指各种标点字符、汉字、字母、数字之间的距离。

日文标点符号转换规则—半角：可以将标点使用半角距离。

行尾挤压半角：可以将行中的大多数字符使用全角间距（最后一个字符除外）。

行尾挤压全角：可以将行中的大多数字符和最后一个字符使用全角间距。

日文标点符号转换规则—全角：可以将标点使用全角距离。

3. 字符样式与段落样式

使用字符样式可以快速将文字的多个属性应用于新的文字，使用段落样式可以快速将段落的多个属性应用于新的段落文字。

（1）字符样式　字符样式包含字符面板的所有属性，并且字符样式服务于段落样式。

选择【窗口】→【文字】→【字符样式】，显示字符样式面板，如图 5-21 所示。新建字符样式的方法有两种：一种是单击【创建新样式】按钮，新建段落样式1，如图 5-22 所示，在弹出的字符样式选项对话框中设置基本字符格式、高级字符格式、字符颜色等。另一种是先把文字的格式设置好，选中这些文字，单击字符样式面板中的【创建新样式】按钮，按照文字格式创建新的样式。

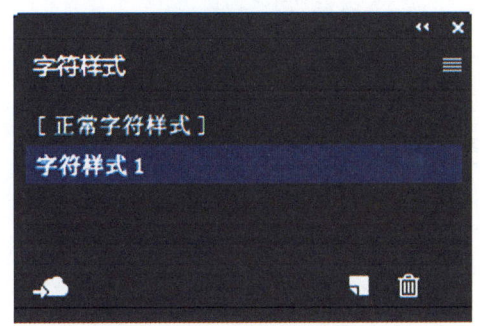

图 5-21　字符样式面板

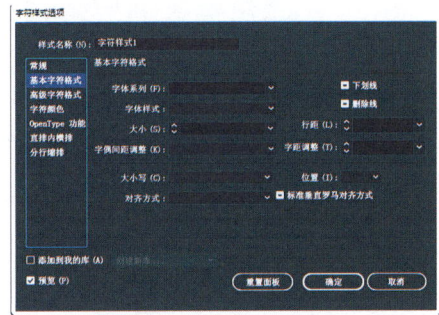

图 5-22　新建字符样式 1

（2）段落样式　段落样式包含字符面板和段落面板的所有属性，是排版多页文档时常用的样式。选择【窗口】→【文字】→【段落样式】，显示段落样式面板，如图 5-23 所示。新建段落样式的方法同新建字符样式。在段落样式选项中可以设置基本字符格式、高级字符格式、缩进和间距等段落样式，如图 5-24 所示。

4. 三折页

三折页可以用在广告宣传、产品宣传等方面，它是一种在一张纸上双面印刷的印刷品，通常经过两次折叠折成三页。三折页的折叠方式主要有风琴折和包心折，如图 5-25 所示。三折页设计尺寸是折页的展开尺寸，常规尺寸是 A3 和 A4。A3 三折页的印刷成品

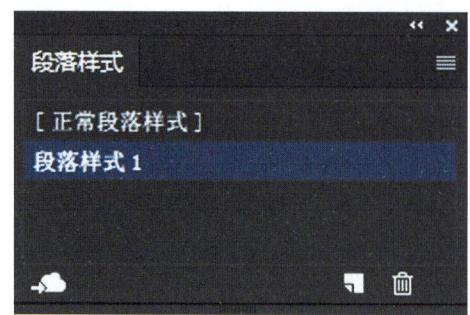

图 5-23　段落样式面板

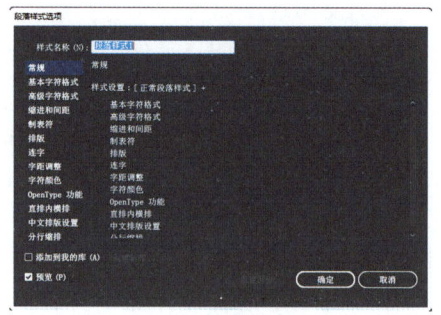

图 5-24　新建段落样式 1

展开尺寸是 420mm×285mm，折叠后的成品尺寸是 140mm×285mm。A4 三折页的印刷成品展开尺寸是 210mm×285mm，折叠后的成品尺寸是 210mm×95mm。本项目制作的三折页是 A4 幅面的，采用的是包心折，三折页的页面顺序及各页面尺寸如图 5-26 所示。由于是包心折，P2 页是被包裹在里面的，三折页各页的尺寸设

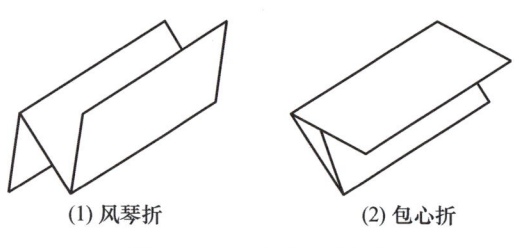

(1) 风琴折　　　　(2) 包心折

图 5-25　三折页折叠方式

定不是均分的。P2 与 P4 相对，页面宽度为 95mm。封底与 P3 相对，宽度为 95mm。封面与 P1 相对，宽度为 95mm。

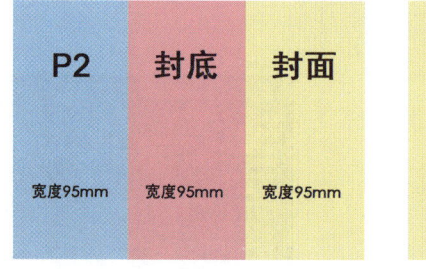
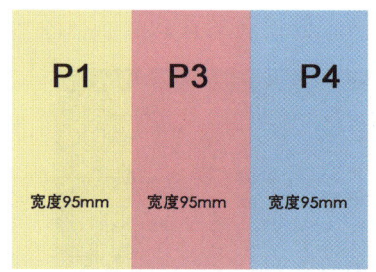

图 5-26　三折页的页面顺序及尺寸

5. 文件检查（Preflight）

文件检查（或预飞）是指数字文件在送交印刷商之前或者送交输出设备之前的文件检查过程，以保证 RIP 处理前所得到的电子文件的正确性和完整性，防止产生无谓的时间、材料及经济上的浪费和损失。预飞这个术语来源于飞行器起飞前的检查，以保证飞机无故障。在合适的设置下，预飞处理文件像人工检查一样简单，或者通过专门预飞软件，按照一定标准熟练地检查。Acrobat、Illustrator、InDesign 及方正飞翔等软件均可以进行文件检查。常规做法是首先查看客户送来的文件所用软件是否适合印刷出版，然后用原软件打开文件，通过软件本身的功能进行检查，如以上内容中有错误则直接进行校正。另外也可借助其他专业预检类软件辅助进行，如 Pitstop 插件。本项目是直接在 AI 软件中制作的，下面介绍 Illustrator 软件进行文件检查的方法。

（1）在 Illustrator 软件中打开文件可以双击打开文件，也可以先打开 AI 程序，再打

开指定文件，还可以将文件直接拖至应用程序图标打开。

（2）记下打开过程中的异常情况。在文件打开时可能出现的问题：

字体问题：如果在打开过程中弹出如5-27所示的对话框表示在文件中缺少所列的字体。

图像问题：如欠缺链接图像，则有可能出现如图5-28所示对话框。

解决方法：如出现字体问题，记下文件打开时提示所缺的字体名称，先暂时点击【关闭】，找齐字体，重新安装至系统或用字体管理软件打开后再打开文件。如出现图像问题，参阅第四步中提供的解决方案。

图5-27　字体问题

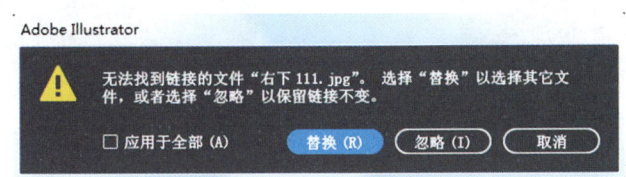

图5-28　欠缺链接图像

（3）检查文件尺寸　单击工具箱中的画板工具，页面中出现的虚线框定的区域就是文件的成品区域，对照工程单要求，检查文件的纵横排式、纸张设定；此外，出血位至少保证≥3mm。检查所有对象是否置入页面范围内；如否，需人为调整。

（4）检查图像　从窗口中打开【链接】面板，如图5-29所示，可以查看到文件中所用到的图像，从右侧所显示的图标可知其状态是否正常。链接面板中，带黄色叹号的表示该图像链接已被修改，需要单击【更新链接】按钮来更新图片链接；而带灰色叹号的表示该图像的链接已丢失，需要单击【重新链接】按钮重新指定链接图像；而后面没有任何符号则图像已正确链接；出现嵌入图标的则表示该图像已被嵌入。双击链接面板中的图像，可详细查看该图的相关信息，包括位置、大小、类型、缩放比例等，如图5-30所示。色彩模式和分辨率的检查，可以选取链接图像或嵌入图像，在软件的选项栏查看具体信息，同时也建议用Photoshop打开原图查证。

（5）查验字体　在【文字】菜单中选取【查找字体】，进一步检查字体的使用情况，带有的表示字体欠缺，如图5-31所示。

替换字体：一般情况下，则需安装好所缺字体再打开文件；如需替换字体，可在【查找字体】对话框中进行替换。

（6）校对颜色　从【文件】菜单中选择【文档颜色模式】，如图5-32所示，查看是CMYK还是RGB，如是RGB需更改为CMYK。打开颜色面板，单击右

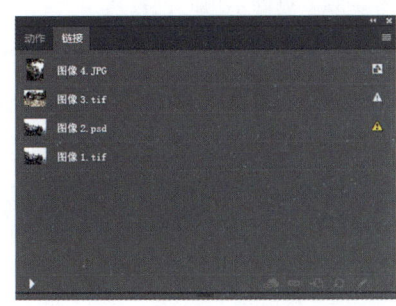

图5-29　链接面板

上角黑色按钮，如图 5-33 所示，在下拉菜单中选择【选择所有未用的色板】，再选择【全部删除】，将没有使用的色板全部删除。然后查看文件中有没有使用到 RGB 色和专色，确保所有对象的填色不包含非印刷色。

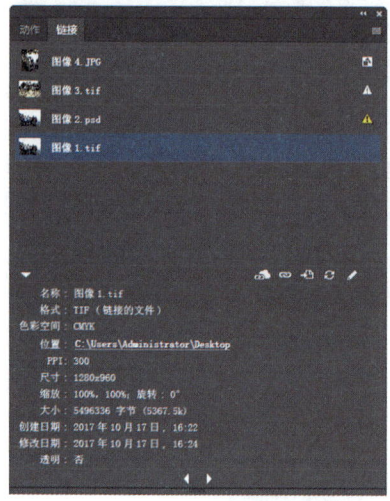

图 5-30　查看图片的详细信息

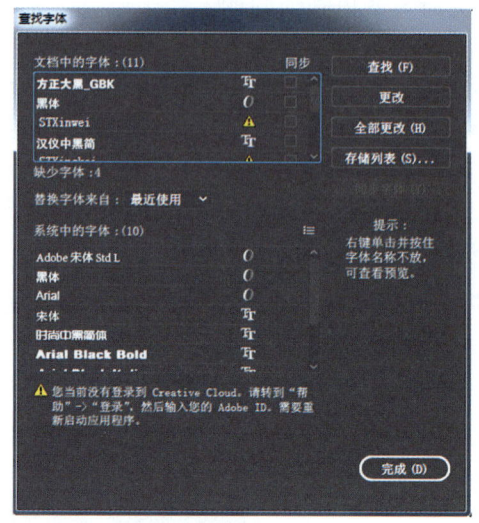

图 5-31　查找字体

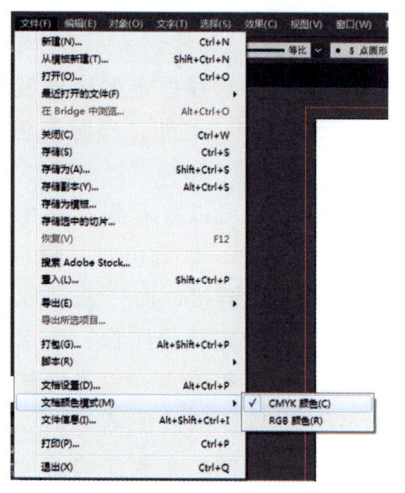

图 5-32　设置文档颜色模式

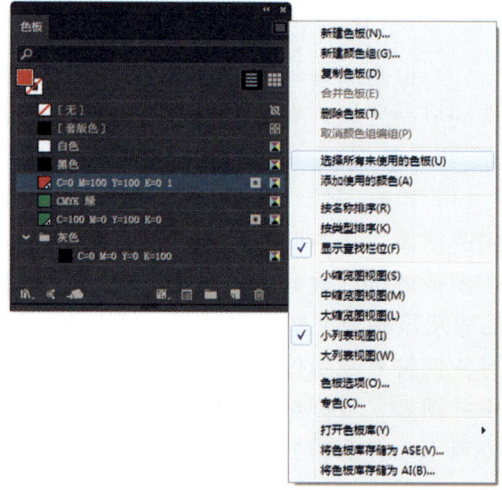

图 5-33　删除不用的色板

（7）删除不用的对象　为避免输出时产生的错误，可从【对象】菜单下选择【路径】，之后点击【清理】，在弹出的面板中选择三项（游离点、未上色对象和空文本路径），点击【确定】即可删除，如图 5-34 所示。

6. PDF 文件

PDF 文件格式是用于存储页面信息对象，包括文字、图形、图像、音频和视频等的一种文件格式规范。PDF 是 Portable Document Format（便携文档格式）的缩写。Adobe Acrobat 是用于显示、修改 PDF 文件的软件。

（1）PDF 的特点　PDF 可用于印刷也可以用于电子出版，主要有以下特点：

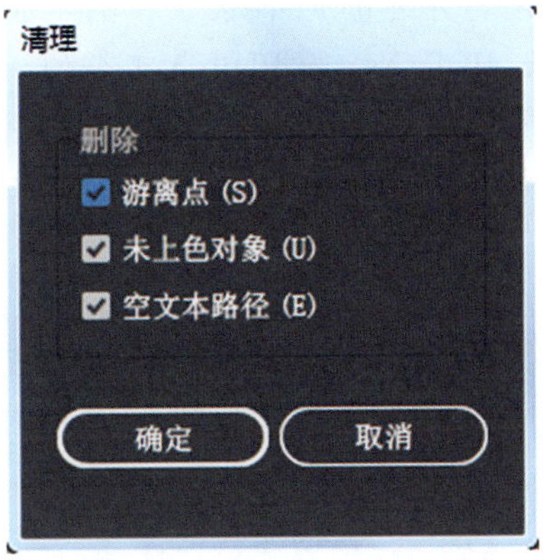

① 可传递性。PDF 文件支持 7 位 ASCⅡ码和二进制码这两种编码方式，可以正确的在网络环境下进行传输。

② 支持交互操作。PDF 包含了交互表单和超链接等交互对象。

③ 支持声音、动画。可以使电子书更加生动有活力。

④ 支持对页面内容的随机存取。提高了页面的操作速度。

⑤ 支持修改方式。可以用 Acrobat 等软件对已经生成的 PDF 修改。

图 5-34　删除不用的对象

⑥ 支持多种压缩方式。可根据 PDF 的用途选择压缩方式，压缩后文件可以变得很少。

⑦ 字体无关性。PDF 文件可以自定义下载字体的方式，这样不论在何处都可以解决缺字的问题。

⑧ 平台无关性。同一个 PDF 文件可以在 PC 机上使用，也可以在苹果上使用。

⑨ 安全性。可以对 PDF 文件进行加密，保护电子出版物的版权。

（2）用 Illustrator 导出 PDF　对于一般的软件生成 PDF 的方法是将文件打印成 PS，然后通过 Acrobat Distiller 转换成 PDF。在 AI 里面生成 PDF 的方法为通过【文件】→【存储为】，保存类型选择 Adobe PDF，弹出"存储 Adobe PDF"的窗口来生成 PDF 文件，如图 5-35 所示。

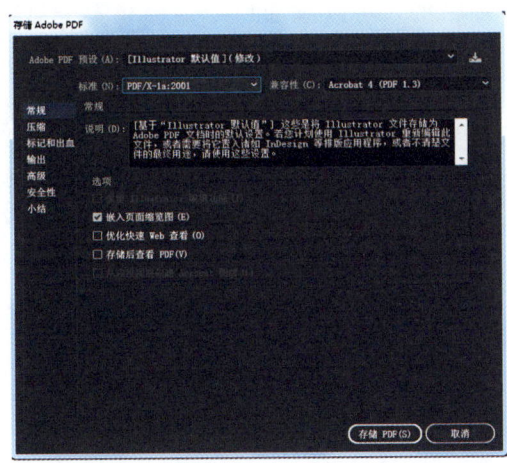

① 在窗口上方有个【标准】和【兼容性】下拉式菜单，适用于确定准备使用什么样的标准生成哪个版本的 PDF。

PDF 有以下几个格式标准：

PDF/A。2005 年由 Adobe 从专利中分离出来，由 ISO 组织定位全球电子存档文件统一标准格式。

PDF/E。PDF/E 是工程制图标准，同时支持 CAD 二维和 3D 图形。

PDF/X。已经成为事实上的全球印刷工业标准，并被欧洲、美国、日本等发达国家定义为国家出版物标准。PDF/X-1a：2001 和 PDF/X-3：2003 是目前国内应用最多的两

图 5-35　PDF 预设

个印刷工业标准。

PDF/X-1 标准要求 PDF 文档必须包含所有来源文件和字体，支持有限的压缩功能，对于文档中的非印刷信息（如音频和视频等）则忽略掉；它限定了图像采用的色彩模式只能为 CMYK 模式、灰度模式与专色模式；同时该文件格式还要求所有的字体进行嵌入。如果一个版面中含有一幅 RGB 图像，则用户在生成 PDF/X 文件过程中执行软件会自动

报错,并终止 PDF/X 文件的生成。

PDF/X-3 与 PDF/X-1 类似,同样是针对书刊出版与广告印刷领域,它与 PDF/X-1 的不同之处在于,该文件标准并不仅限于 CMYK 与专色色彩空间,它也支持 LAB 色彩空间和 ICC 彩色管理技术。

PDF 有以下几个版本:

PDF1.3:是目前印刷行业应用最广泛的版本,可以用 Acrobat4.0 以上版本打开,不支持透明文件,需要做透明拼合处理。

PDF1.4:将颜色转为 CMYK,缩减像素采样颜色和灰度图像至 300dpi,支持透明文件,支持 ICC 色彩管理,可以用 Acrobat5.0 以上版本打开。

PDF1.5:创建包括标签、超链接、书签、交互元素和图层的可访问 PDF 文件,可以用 Acrobat6.0 以上版本打开。

PDF1.6:主要应用在工程图文件格式方面,可以用 Acrobat7.0 以上版本打开。

PDF1.7:对应 Acrobat8.0,这一版本已被 ISO 确定为 ISO32000 国际标准。

注意:当不能确定导出印刷用的 PDF 应该用哪个标准的时候,有一个盲转的标准就是采用 PDF/X-1a:2001 标准及 PDF1.3 版本。

②【压缩】选项卡。对于精度要求特别高的印刷品,可以选择【不缩减像素采样】以及【无】压缩或【ZIP】压缩,但这时文件内存会变得非常大。

③【标记和出血】选项卡。用于为导出的 PDF 文件页面加上角线、打印标记、色标等。

④【输出】选项卡。用于颜色转换,生成 PDF 的色彩管理在这里实现。

⑤【高级】中的透明度拼合可选择高分辨率。

⑥【安全性】选项卡。是用来给 PDF 文件加密的,可以添加口令保护和安全限制,用以限制复制或提取的内容及执行操作的用户。

任务二 "东莞职业技术学院 2017 年成人教育招生简章"宣传单制作

任务背景

东莞职业技术学院继续教育学院需要制作 2017 年成人教育招生简章,向想参加继续教育的学生介绍报考条件、报名事项、招生专业等情况。

任务要求

设计制作一款三折页宣传单,制作完成后存储为 PDF 格式并印制出来。

尺寸要求:三折页宣传单成品尺寸为:285mm×210mm。

任务素材

提供宣传单所需的 Logo 及文字信息

任务分析

按照三折页的排版顺序排好各个页面，然后进行文件检查，检查无误后将文字转为曲线，将文件保存为适合印刷用的 PDF 格式的文件。根据数字印刷机的最大印刷面积（或纸张大小）进行拼版，加裁切线、套准线和测控条，最后输出为 PDF 格式以备上机印刷。

 # 书刊封面的制作

知识目标

1. 掌握书刊封面的结构。
2. 掌握裁切线的制作方法。
3. 掌握书刊厚度和封面尺寸的计算方法。
4. 掌握勒口的计算。
5. 了解精装书尺寸的计算方法。

能力目标

1. 根据客户要求，设计制作出正确的封面。
2. 熟悉平装书、精装书结构。
3. 能根据封面尺寸选择正确的纸张印刷。

课时安排

10课时（讲课2课时，实践8课时）

最终效果图

项目六 | 书刊封面的制作　77

任务一　《校园文化》书刊封面的设计制作

任务背景

某中学为展现校园文化建设的成果，需要印刷 500 本用于内部使用的平装书，委托本公司为该书设计封面。

任务要求

图书封面要求简单、明了，体现学校校园文化气息。书刊封面采用 $250 g/m^2$ 双铜纸，彩色印刷；内页采用 $80 g/m^2$ 的双胶纸，共 168 页，单黑印刷；成品尺寸为 210mm×285mm。

任务素材

一张学校图片

任务分析

因为本书主旨为宣传校园文化建设成果，整体设计效果应追求简单、明快。所以封面只摆一幅校园图片，书名位于封面中间，突出本书的内容，背面图片采用正面图片的透明效果，书脊采用绿色底，整体给人清新、环保的视觉效果。

操作步骤详解

（1）打开 Illustrator 软件，执行【文件】→【新建】命令，弹出【新建文档】对话框，单击【更多设置】，弹出如图 6-1 所示的对话框。设置文档宽度为 430mm（书本宽度 210mm，另外书脊宽度 10mm），高度为 285mm，出血为 3mm。

（2）执行【视图】→【显示标尺】命令，显示出标尺，在左侧标尺中拖出 4 条参考线，在控制面板内设置 4 条参考线的 X 坐标值分别为 0mm、210mm、220mm 和 430mm。在上方标尺拖出 2 条参考线，在控制面板内设置 2 条参考线的 Y 坐标值分别为 0mm 和 285mm。以上参考线用来定位封面、封底以及书脊，如图 6-2 所示。

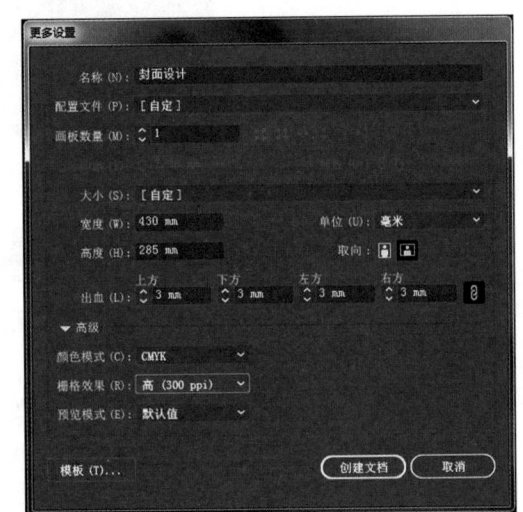

图 6-1　新建文档

图 6-2　拉参考线

（3）选择图层面板，左键双击文字【图层1】，将名字改"印刷内容"，如图 6-3 所示。

（4）执行【文件】→【置入】命令，将素材光盘"项目六/任务一/校园文化.jpg"文件置入到当前文档中，并点击属性栏中的【嵌入】按钮，如图 6-4 所示。

图 6-3　设置图层面板

图 6-4　置入图片

(5)使用【矩形工具】在图像上绘制一个矩形,调整矩形的大小和位置,如图6-5所示。

图6-5 绘制矩形

(6)使用【选择工具】选择图像和矩形,点击右键,选择【建立剪切蒙版】,得到裁剪后的图像,如图6-6、图6-7所示。

图6-6 建立剪切蒙版

图6-7 裁剪后的图像

(7)使用【选择工具】将图像放入封面内,并在属性栏中选择【约束宽度和高度比例】,将图片宽度设置为213mm(210mm+3mm,其中3mm为出血部分),位置如图6-8所示。

(8)使用【文字工具】在视图中输入文本"校园文化",设置文字颜色为黑色,字体、字号、位置如图 6-9 所示。输入英文"CAMPUS CULTURE",设置字体为 Arial,设置文字颜色为 K30。

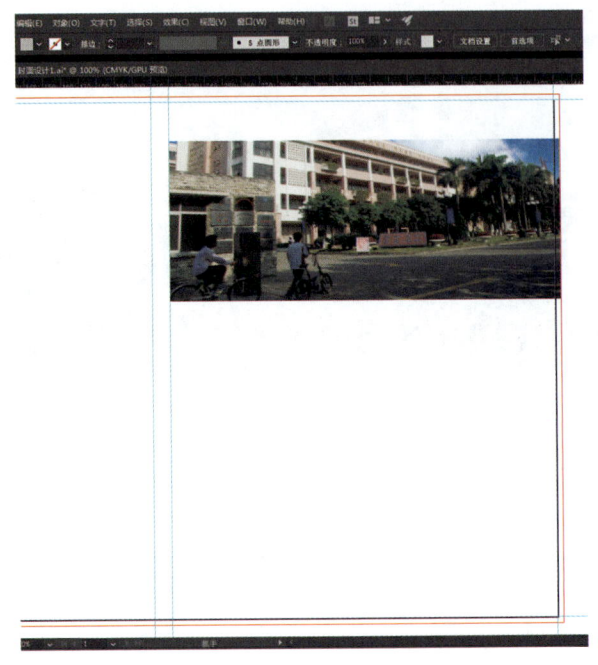

图 6-8　将图片放入封面

(9) 使用【文字工具】输入"成果集萃",字体为黑体。输入"文海文化出版社",字体为黑体,位置如图 6-10 所示。

图 6-9　设置字体

图 6-10　输入文字

(10) 按住【Alt】键,使用移动工具拖动图片,从而复制一份。将新图片与旧图片做上下对齐处理,右边对齐坐标为 210mm 的参考线,如图 6-11 所示。

图 6-11 复制图片

(11) 按住【Shift+Ctrl+F10】,在弹出的透明度面板中,设置图片的透明度为 30%。如图 6-12 所示。

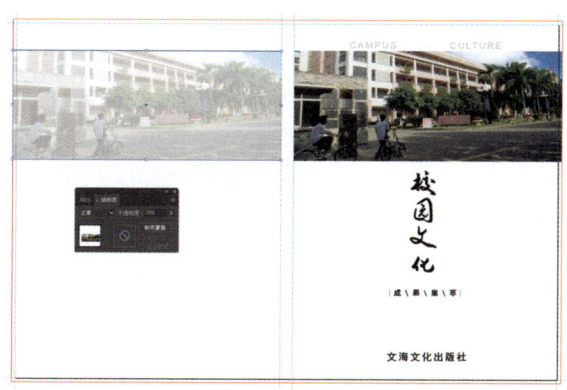

图 6-12 设置透明度

(12) 复制封面的文字 "CAMPUS CULTURE",设置文字颜色为 C60Y42K40,并顺时针旋转 90°。复制封面的文字 "校园文化" 和 "成果集萃",大小位置如图 6-13 所示。

图 6-13 复制文字

(13) 使用【矩形工具】绘制一个宽为 10mm,高为 180mm 的矩形,填充颜色为 C60Y42K40,将矩形放入书脊部分,上方与图片对齐,如图 6-14 所示。

图 6-14　在书脊部分绘制矩形

（14）复制封面的文字"校园文化"、"成果集萃"及"文海文化出版社"。三者水平中心对齐，颜色、大小、位置如图 6-15 所示。

图 6-15　复制文字

（15）将文档中的参考线全部删除，新建一个图层，名称更改为标记线，使用【直线段工具】，作出一条水平直线段作为裁切线，长度为 3mm，描边为 0.1mm，填充颜色为无，描边颜色设置为套版色，如图 6-16 所示。

（16）使用【选择工具】选择裁切线，点击属性栏中的【对齐画板】，并选择【水平右对齐】和【垂直顶对齐】，让线段与画板的右上端对齐，如图 6-17 所示。

图 6-16　添加裁切线

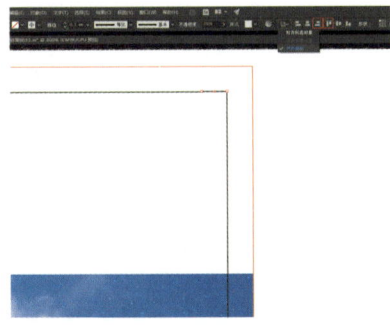

图 6-17　对齐画板

（17）使用选择工具选择裁切线，按【回车键】，在弹出的面板中，水平值填入 6mm，按"确定"，如图 6-18 所示。

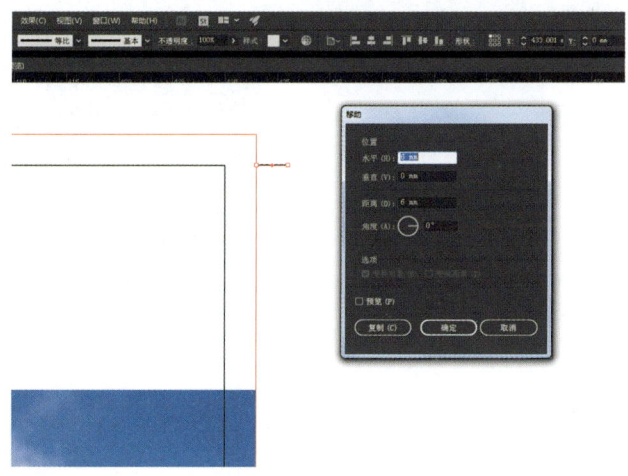

图 6-18　移动裁切线

（18）将裁切线复制一份，旋转 90°，点击属性栏中的【对齐画板】，并选择【水平右对齐】和【垂直顶对齐】，让线段与画板的右上端对齐，如图 6-19 所示。

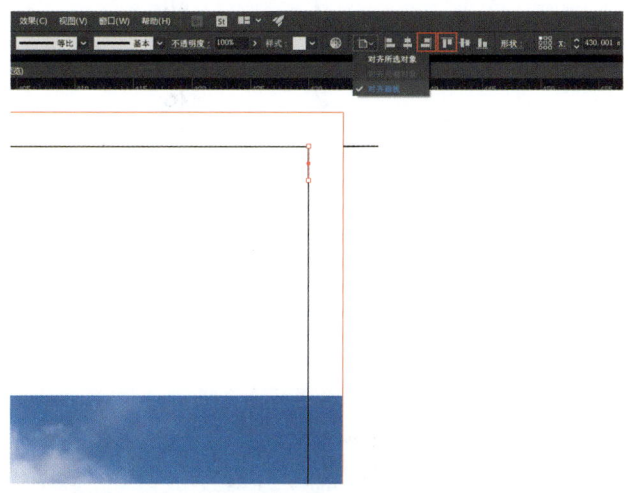

图 6-19　对齐画板

（19）使用选择工具选择裁切线，按【回车键】，在弹出的面板中，垂直值填入 －6mm，按【确定】。这样封面右上角的裁切线就作好了，如图 6-20 所示。

（20）参照步骤（16）至步骤（19），在封面其他三个角也添加裁切线，如图 6-21 所示。

（21）使用选择工具选择右上角纵向裁切线，按【回车键】，在弹出的面板中，水平值填入－210mm，按【复制】。继续按回车键，在弹出的面板中，水平值填入－10mm，按【复制】，在书脊处添加裁切线，如图 6-22 所示。

（22）使用选择工具选择右下角纵向裁切线，按【回车键】，在弹出的面板中，水平值

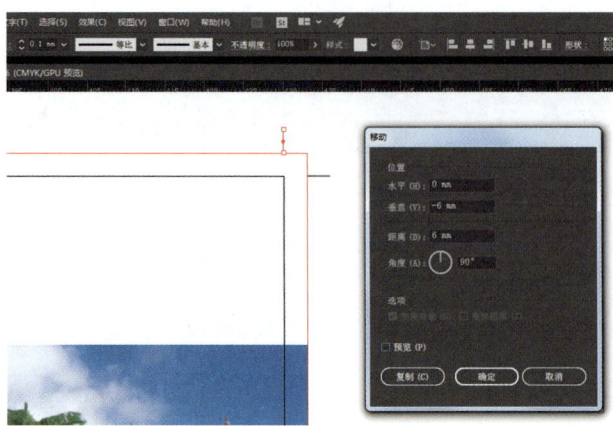

图 6-20　移动裁切线

图 6-21　四个角添加裁切线

图 6-22　在书脊处添加裁切线

填入－210mm，按【复制】。继续按回车键，在弹出的面板中，水平值填入－10mm，按【复制】，在书脊处添加裁切线，如图 6-23 所示。

（23）选择【文件】→【存储为】命令，将文件命名为"封面设计.ai"，至此，封面设计制作完毕，最终效果如图 6-24 所示。

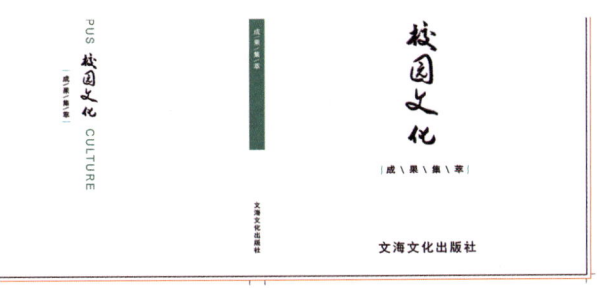

图 6-23　在书脊处添加裁切线

图 6-24　最终效果图

详细分析解说和拓展

1. 封面开本的选定

本任务案例中设置文档尺寸为 430mm×285mm，其中文档宽度为 430mm，是封面、书脊和封底尺寸的和，封面的宽度为 210mm，书脊的宽度为 10mm，封底的宽度为 210mm，书刊的高度为 285mm。本案例的书幅面为大 16 开，封面展开幅面为大 8 开。

开本是指一本书幅面的大小，是以全张纸裁开的张数作标准来表明书的幅面大小的。把全张纸切成幅面相等的 16 小页，叫 16 开，切成 32 小页叫 32 开，其余类推。由于整张原纸的规格不同，所以，切成的小页大小也不同。把 787mm×1092mm 的纸张切成的 16 张小页叫小 16 开或 16 开，把 889mm×1194mm 的纸张切成的 16 张小页叫大 16 开，其余类推。

常见的图书有以下几种常见尺寸。16 开：188mm×260mm；18 开：168mm×252mm；32 开：130mm×184mm；36 开：126mm×172mm；大 16 开：210mm×285mm；大 32 开：140mm×203mm。

在书刊的版权页会注明本书的开本情况，如图 6-25 所示，该书的开本是由 787mm×1092mm 分切出来的 16 开。

我们平时所见的图书多数为 16 开以下的，这样的书才能方便读者的阅读。在实际工

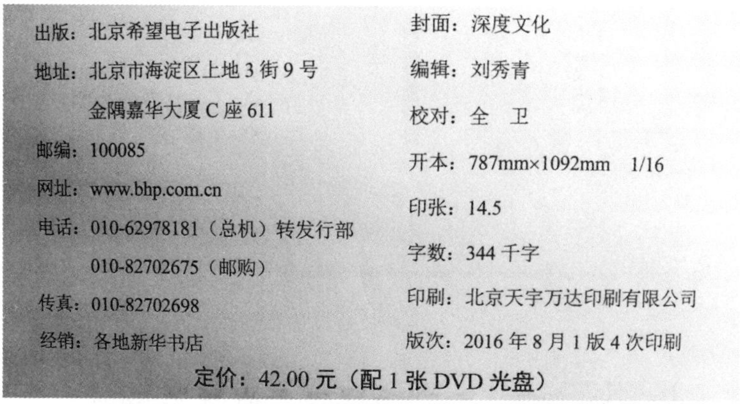

```
出版：北京希望电子出版社        封面：深度文化
地址：北京市海淀区上地3街9号     编辑：刘秀青
      金隅嘉华大厦C座611        校对：全  卫
邮编：100085                    开本：787mm×1092mm  1/16
网址：www.bhp.com.cn            印张：14.5
电话：010-62978181（总机）转发行部  字数：344千字
      010-82702675（邮购）
传真：010-82702698              印刷：北京天宇万达印刷有限公司
经销：各地新华书店              版次：2016年8月1版4次印刷
              定价：42.00元（配1张DVD光盘）
```

图6-25 某书的开本说明

作中，由于各印刷厂的技术条件不同，常有略大、略小的现象。在实践中，同一种开本，由于纸张和印刷装订条件的不同，会设计成不同的形状，如方长开本、正偏开本、横竖开本等。同样的开本，因纸张的不同形成的形状不同，有的偏长、有的呈方形。

不同类型的图书与开本：

① 马列著作等政治理论类图书严肃端庄，篇幅较多，一般都放在桌子上阅读，开本较大，常用大32开。

② 高等学校教材一般采用大开本，过去多用16开，显得太大了，现在多改为大32开。

③ 文学书籍常为方便读者而使用32开。诗集、散文集开本更小，如42开、36开等。

④ 工具书中的百科全书、辞海等厚重渊博的书籍，一般用大开本，如16开。小字典、手册之类可用较小开本，如64开。

⑤ 画册的排印要将大小横竖不同的作品安排得当，又要充分利用纸张，故常用近似正方形的开本，如6开、12开、20开、24开等，如果是中国画，还要考虑其独特的狭长幅面而采用长方形开本。

⑥ 篇幅多的图书开本较大，否则页数太多，不易装订。

开本的基本开切方法，主要有三类：

① 几何级开切法即对开式切法，所切都是以2的倍数进行，如4开，8开，16开等，是一种最合理、最正规、应用最广的开切法，其纸张利用率高，印刷装订方便。

② 非几何级开切法开切不符合几何级数，其优点是可以直线开切，节约纸张。缺点是开出的页数不能全用机器折页。

③ 纵横混合的开切法不能沿直线开切，对印刷和操作都有不良影响，有剩余边纸，不符合节约原则。主要适合于异形的图书需要。

具体开切如图6-26所示。

2. 封面书脊厚度的计算

书脊又称书背，是指书刊封面、封底连接的部分。书脊是书芯表面与书背的联结处，也是精装书刊前后书壳与书背的联接处。平装书刊的书脊是平齐的，书芯表面与书背垂直；精装书刊的书脊则高出书芯表面。

图 6-26　纸张开切示意图

在书店里，摆在书架上展现出来的一般是书刊的书脊部分，所以书脊部分的设计尤其重要，成了吸引读者的一个重要因素，如图 6-27 所示。

图 6-27　书店陈列图

在书刊的封面制作中，书籍厚度的计算是极为重要的，如果书脊厚度不正确，就会导致书刊的封面尺寸错误，尤其是在书脊部位的颜色与封面、封底不一样时，更需要精确地计算出书脊的厚度。普通书籍封面的宽度由封面宽度、书脊厚度和封底宽度组成，如图 6-28 所示。

书脊厚度主要由书芯厚度和封面封底纸张厚度组成。用公式表达为：

$$书脊厚度＝书芯厚度＋封面封底纸张厚度$$
$$书芯厚度＝总页码数/2×纸张定量×纸张厚度系数 K$$
$$封面封底纸张厚度＝2×纸张定量×纸张厚度系数 K$$

纸张的厚度系数 K 与纸张类型有关，同一类型的纸张采用一样的厚度系数，不受纸张定量的影响。书写纸厚度系数 K 为 0.0015，胶版纸厚度系数 K 为 0.0014，双铜纸厚度系数 K 为 0.0011。

例如，本任务中的案例，封面采用 250g/m² 双铜纸，内页采用 80g/m² 的双胶纸，共

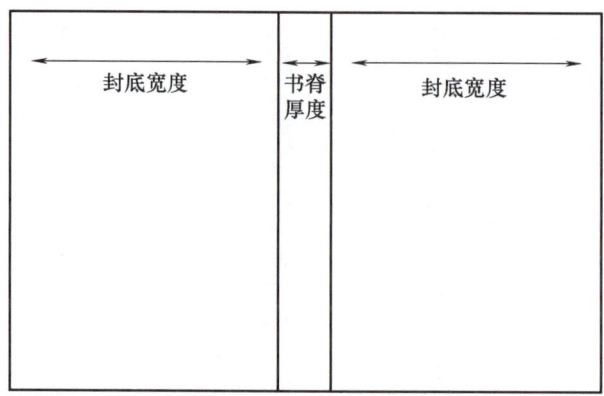

图 6-28　普通书籍封面结构

168 页，则书脊厚度的计算方法如下：

$$书脊厚度 = 168/2 \times 80 \times 0.0014 + 2 \times 250 \times 0.0011$$
$$= 9.408 + 0.55 = 9.958 \text{mm} \approx 10 \text{mm}$$

所以本任务的案例在设计封面时，书脊厚度设置为 10mm。

3. 封面勒口大小的计算

勒口亦称折口，是指书籍封皮的延长内折部分，主要是封面的前口边宽于书芯前口边，包完封面后将宽出的封面边沿书芯前口切边向里折齐在封二和封三内的加工，如图 6-29 所示。勒口上一般编排作者或译者简介，同类书目或本书有关的图片以及封面说明文字（如图 6-30 所示），也有空白勒口。

 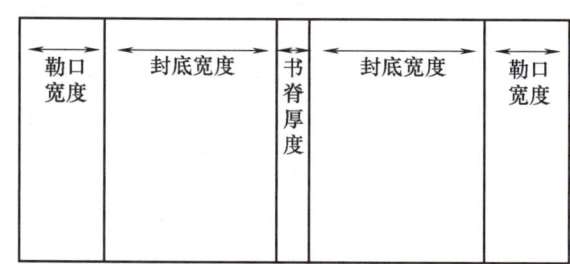

图 6-29　封面各部分的组成

图 6-30　带有勒口的书籍

勒口的主要作用有：①张贴作者信息；②保护书芯；③美观；④防止封面、封底卷曲。

设定勒口尺寸时，以封面封底宽度的 1/3～1/2 为宜，如封面封底有底图，需要勒口的图文和封面封底图文连在一起，这样到装订时，如出现尺寸变数（书脊位大小等）勒口也可随之而变。

在勒口的设计制作中需要考虑以下几个方面：

（1）勒口与书籍封面、封底、书脊的总宽度要符合印刷用纸的开本尺寸　以本任务中的案例为例（如图 6-31 所示），如果加上 80mm 的勒口，那么封面是采用大度纸（889mm×1194mm）印刷，还是采用正度纸（787mm×1092mm）印刷呢？我们必须通过计算才能知道。

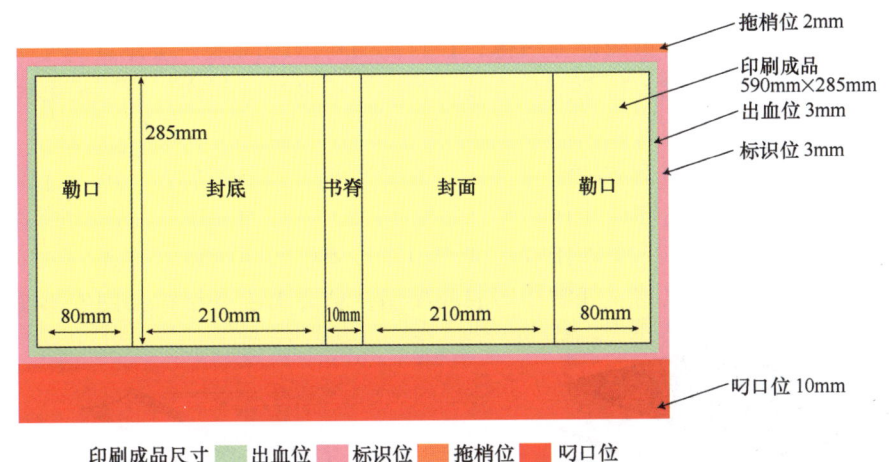

图 6-31　案例封面尺寸计算示意图

$$宽度 = 210 \times 2 + 10 + 80 \times 2 + 12 = 602mm$$
$$高度 = 285 + 16 + 8 = 309mm$$

根据开本尺寸（图 6-32），如果封面尺寸为 602mm×309mm，选择正度 3 开（360mm×780mm）最为合适，则选择正度纸（787mm×1092mm）会比较好。

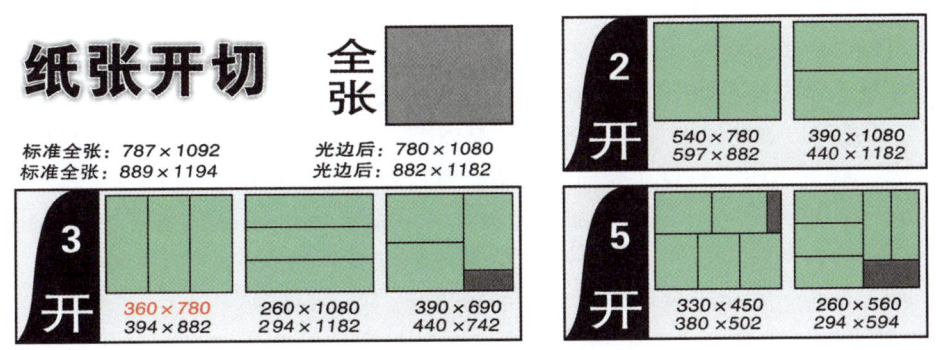

图 6-32　纸张开切示意图

（2）装订方式的选择　书籍的装订方式一般分为无线胶订和锁线胶订，装订工艺如下：

无线胶订工艺流程：

折书芯页→配页→铣背打毛→刷胶水→包封面→三面裁切整齐→出成品

锁线胶订工艺流程：

折书芯页→配页→锁线→粘贴衬纸→裁切前口→投书→上背胶→上侧胶→输送封面→包本定型→出书→折勒口→裁切天头地脚

因为无线胶订的工艺必须采用三边裁切，但有勒口的书籍只能裁上下两边，所以带勒口的书籍一般采用锁线胶钉。

4. 精装书封面的计算

精装书与平装书主要区别就在于书的封面不同。平装书的封面为软封面，精装书的封面为硬封面，称为书壳。书壳通常由三层材料（也有多层的）组成：外层封皮由涂料纸、亚麻、涂布、丝绸、棉纺等材料制成，里层为衬纸，印有实地色、图案或为白衬纸，衬纸与书芯一起钉装，将书芯与书壳连为一体；在封皮与衬纸之间是一层厚度为1.5～3.5mm的纸板，它由三块纸板拼成。精装书的钉装关键就在于书壳的制作，而组成书壳的各部分材料尺寸合适与否直接影响到整书的质量。

精装书分为圆背精装和方背精装。精装书的书壳通常比书芯大2～4mm，大出部分称为飘口。它可以起到保护书芯的作用，且显得美观大方，如图6-33所示为精装书示意图。

精装书的各种工艺并不完全在所有精装书制作过程中使用，除了主要工艺以外，像书签带、起脊、书角等常常根据实际需要而放弃使用。精装书主要结构如图6-34所示。

图6-33 精装书

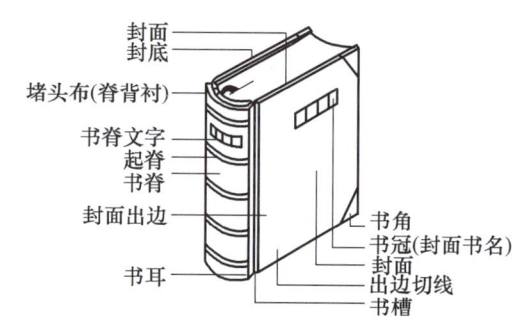

图6-34 精装书主要结构

下面就精装书壳各部分尺寸加以分析计算。

(1) 中缝 指书壳在展开平放时，封面封底的纸板与中径纸板之间的距离（俗称火线位）。书芯上壳后，中缝位置用来压书槽，起到美观大方、便于翻阅、结实耐用的作用。此尺寸过大，则使书槽不明显、壳面不紧凑、飘口尺寸增加；尺寸过小，压书槽的封皮易爆裂。此尺寸一般为7～10mm，根据经验圆背书一般为8mm，方背书取10mm比较合适（当封面纸板厚度小于2.8mm时，方背书中缝尺寸可为9.5mm）。

(2) 中径纸板 在中径的中间位置（书背位置）有一块纸板称为中连纸板（俗称中心条）。方背精装书，中径纸板宽为书芯厚度；若书壳是方背假脊，中径纸板宽等于书芯厚度加两张封面纸板厚度再减去0.5mm；圆背精装书，中径纸板宽为书背圆弧长度。由于实际生产中往往是书芯在钉装的同时书壳也在制作，此时书背的圆弧长无法计算和度量，因此，我们总结出一个简便的近似计算方法，即书背弧长约等于书芯厚度加上6.5mm，按此数据加工出的书壳完全符合质量要求。中径纸板的宽度必须严格计算度量，尺寸小了，书芯放不进书壳；尺寸大了，上壳后书芯与书壳连接不牢，书面不平整。中径纸板的长度，圆背书和方背书相同，均等于书芯高加上两个飘口尺寸。

（3）封皮纸板　封皮纸板分前后两块，尺寸相同。在长度上，圆背书和方背书相同，等于书芯高加上两个飘口尺寸。在宽度上，圆背书与方背书不同，方背书纸板宽等于书芯宽度减去 3.5mm，圆背书纸板宽等于书芯宽度减去 4.5mm 的时候，效果较佳。按照工艺和设计要求，中径纸板与封面纸板厚度不一定相同。圆背书背要扒圆，中径纸板较薄，一般为 0.5mm 左右，前后封面纸板厚为 1.5～3.5mm。方背书壳中径纸板厚度等于或小于封面纸板厚度，在设计时一般按下列原则确定：

封面纸板厚度（毫米）1.5、2、2.5、3、3.5

中径纸板厚度（毫米）1.5、2、2.5、2.5、2.5

纸板在开料时，一定要顺纹开，即纸板长度（书高）方向与纸板纸纹方向相同。若不顺纹，中径纸板易断裂，壳面纸板易受潮变形卷曲，影响书的外观质量。

纸板在封皮料上固定后，封皮四边要包边，包边宽度一般为 12～16mm，考虑到纸板厚度，一般按四边各加大 17mm 计算。在造壳时纸板在封皮料上的位置必须准确，四边居中相互平行。

下面举一实例说明各部分尺寸计算方法。某精装书为大 16 开本，书芯高 285mm，书芯宽 210mm，书芯总厚 20mm，封面纸板厚 3mm。飘口：圆背书和方背书相等取 3mm。

中径纸板：

$$圆背纸板长 = 书芯高 + 飘口 \times 2 = 285 + 3 \times 2 = 291(mm)$$
$$方背纸板长 = 书芯高 + 飘口 \times 2 = 285 + 3 \times 2 = 291(mm)$$
$$圆背纸板宽 = 书芯度 + 6.5 = 20 + 6.5 = 26.5(mm)$$
$$方背纸板宽 = 书芯厚 = 20(mm)$$
$$方背假脊纸板宽 = 书芯厚 + 封面纸板厚 \times 2 - 0.5 = 20 + 3 \times 2 - 0.5 = 25.5(mm)$$

中缝：圆背取 8mm 方背取 10mm

封面纸板：

$$圆背纸板长 = 书芯高 + 飘口 \times 2 = 285 + 3 \times 2 = 291(mm)$$
$$方背纸板长 = 书芯高 + 飘口 \times 2 = 285 + 3 \times 2 = 291(mm)$$
$$圆背纸板宽 = 书芯宽 - 4.5 = 210 - 4.5 = 205.5(mm)$$
$$方背纸板宽 = 书芯宽 - 3.5 = 210 - 3.5 = 206.5(mm)$$

书壳封面料尺寸：

$$圆背长 = (封面纸板宽 + 中缝宽) \times 2 + 中径纸板宽 + 包边 \times 2 = (205.5 + 8) \times 2 + 26.5 + 17 \times 2 = 487.5(mm)$$
$$圆背宽 = 书芯高 + 飘口 \times 2 + 包边 \times 2 = 285 + 3 \times 2 + 17 \times 2 = 325(mm)$$
$$方背假脊长 = (封面纸板宽 + 中缝) \times 2 + 中径纸板宽 + 包边 \times 2 = (206.5 + 10) \times 2 + 25.5 + 17 \times 2 = 492.5(mm)$$
$$方背假脊宽 = 书芯高 + 飘口 \times 2 + 包边 \times 2 = 285 + 3 \times 2 + 17 \times 2 = 325(mm)$$

以上只是对普通精装书书壳开料尺寸的计算分析，实际生产中根据作者及出版商的设计要求不同，书壳形状各异，其各部分尺寸也不相同，可根据具体要求计算开料。如图 6-35 所示为某印刷公司精装书封面尺寸数目，仅供参考。

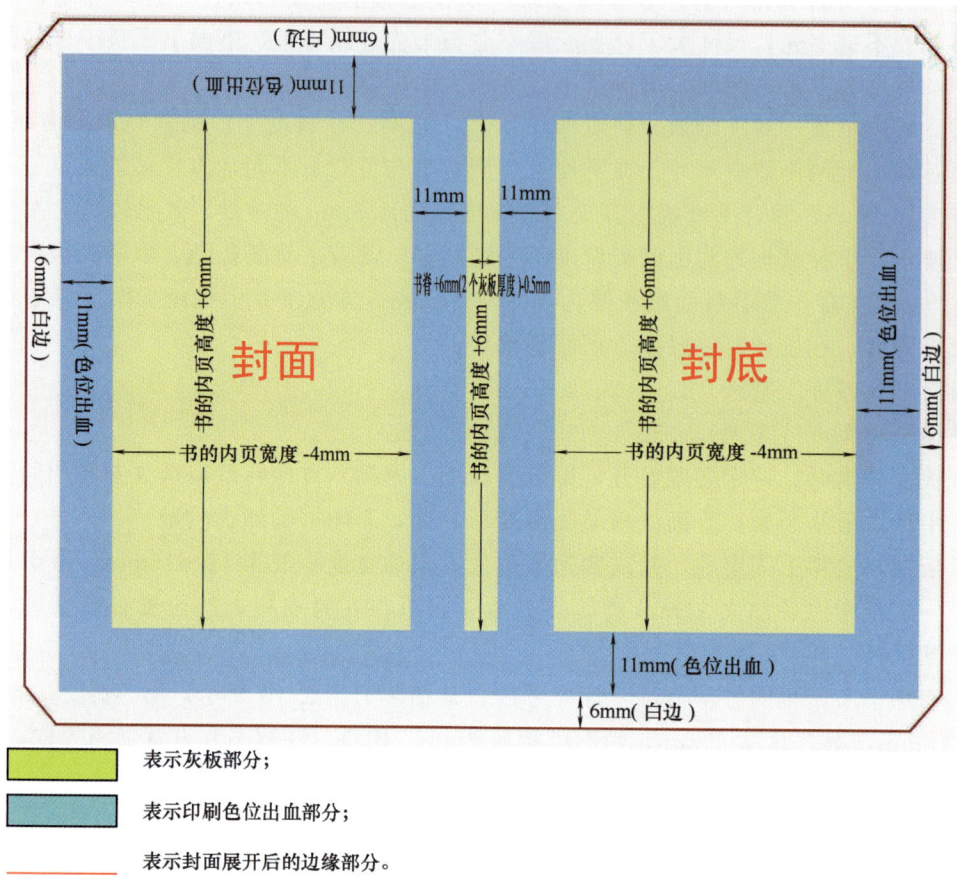

图 6-35 某企业精装书封面尺寸示意图

任务二　论文集封面设计

任务背景

某中学将要内部发行一本关于课堂教学的论文集，为更好表现书刊自身内容，委托本公司为该论文集设计封面。

任务要求

整体设计要显得严肃、庄重、不花俏。颜色以深色为主，字体采用常规字体。本书封面采用 $200g/m^2$ 的双铜纸并覆哑膜，彩色印刷；内页采用 $70g/m^2$ 的双胶纸，单黑印刷，200 页；书刊尺寸为 160mm×240mm。

任务素材

客户提供文案,并提供一只钢笔图片作为参考,见素材光盘"项目六/任务二"文件夹。

任务分析

因为本图书为论文集,在设计时应简单而又庄重。所以底色选择暗红色,正面突出书名,加以一只钢笔作为修饰图片,背面全部加以暗红色作为底色,并加上白色文字加以修饰,最终效果如图 6-36 所示。

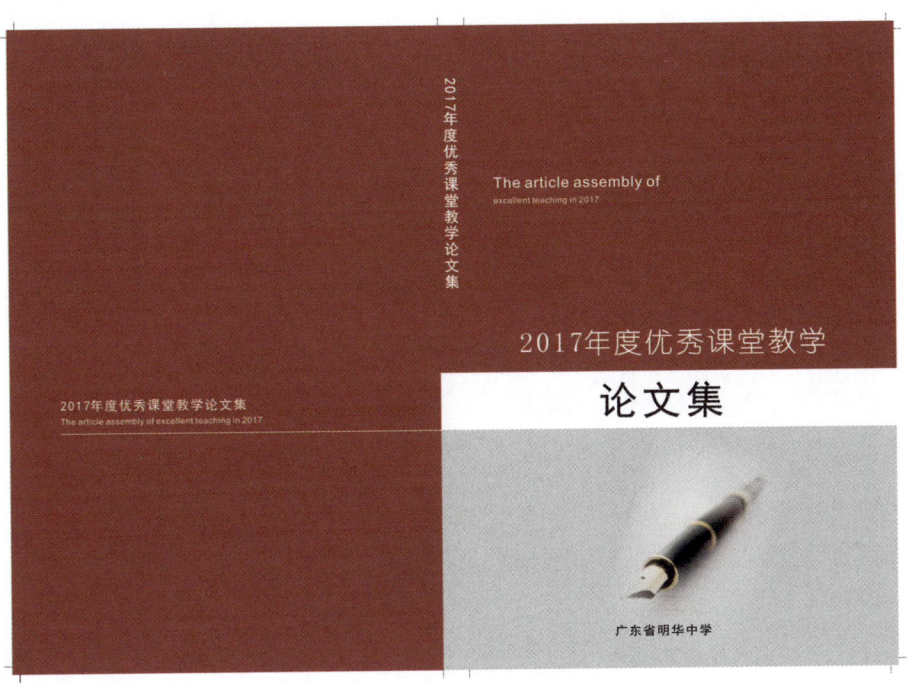

图 6-36　最终效果图

 # 包装盒的制作

知识目标

1. 了解常用纸盒结构和类型。
2. 了解商品条形码的基本知识。
3. 熟悉常见包装纸盒的印后加工工艺。
4. 熟悉常见纸盒拼大版的常用方式。

能力目标

1. 能够使用图形软件绘制纸盒模切图。
2. 能够使用图形制作印后加工装饰的图层。
3. 能够使用图形软件制作商品条形码。
4. 掌握使用图形纸盒的拼大版方法。

课时安排

10课时（讲课4课时，实践6课时）

任务一　包装盒的制作（一）

任务背景

客户提供了护肤品的品牌纸盒样板，要求按样板制作完成纸盒，尺寸大小为44mm×44mm×165mm，糊口15mm，插舌14mm，制作效果与样板一致，纸盒使用350g单铜纸。

任务要求

按照纸盒样版完成电子版包装盒制作，并根据印刷要求和印后加工要求制作各工艺图层，完成完整的纸盒电子稿。使用全开印刷机印刷，制作各图层的拼大版文件。

任务素材

纸盒样版扫描稿、质量安全标志图片、环保和质量电子监管标志矢量图、logo 矢量图，见素材光盘"项目七/任务一"文件夹。

任务分析

该纸盒使用的原材料是 350g 单铜纸；颜色应用了五个专色印刷；使用了烫金、烫金压凹凸等印后装饰效果。印前文件需要制作模切压痕图层、专色印刷图层、烫金图层、烫金压凹凸图层 4 个图层，如图 7-1 所示。

操作步骤详解

1. 纸盒结构图层绘制

（1）绘制包装盒盒身 打开 CorelDRAW，点击【窗口】→【泊坞窗】→【对象处理器】→【新建图层】，将图层命名为"DC"（模切图层），单击工具箱中的【矩形工具】，绘制一个矩形，设置其大小为 44mm×165mm，属性设置如图 7-2 所示。

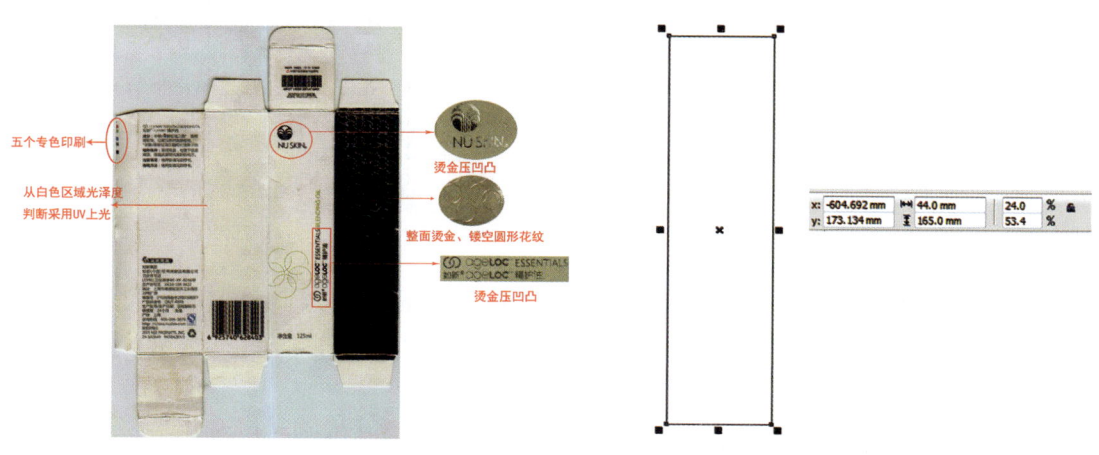

图 7-1 制作方式分析　　　　　　图 7-2 矩形绘制

选中绘制的第一个矩形，以右侧边为基准，分别复制包装盒的另外三个矩形面。具体步骤为：点击【窗口】→【泊坞窗】→【变换】→【位置】，输入如图 7-3 所示参数，点击【应用到再制】。

注意：选择最右侧的糊头边矩形，在属性栏里将宽度改为 43.5mm，因为糊头边的盒宽一般需要减去一张纸板的厚度，主要是为了修正纸盒，糊好后，盒宽的纸边不会从糊头处凸出，甚至割手。

（2）绘制糊口 仍然选中第一次绘制的矩形，选择【变换】→【位置】，以矩形左侧边为基准，再制一个矩形，然后选择【变换】→【大小】，以矩形右侧边为基准，将其宽度改为 15mm，制作糊头的矩形，操作如图 7-4 所示。选中糊头矩形，点击右键选择【转换为曲线】或者按 Ctrl+Q 将矩形转换为曲线，点击工具栏中的【形状工具】，将矩形进行变形，两头各向内收 15°左右，如图 7-5 所示。

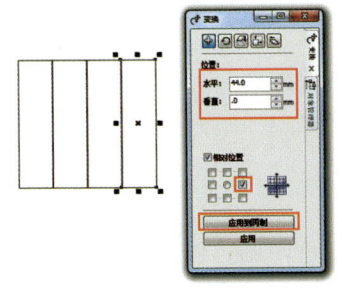

图 7-3　绘制纸盒盒身

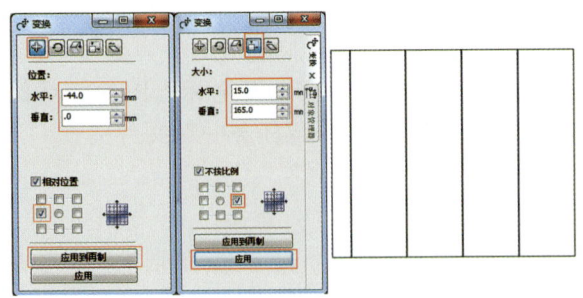

图 7-4　糊头绘制

(3) 绘制纸盒上部和底部结构

① 绘制底板。选中左边第一个矩形，按照前面制作糊头矩形的方法，以其底部为基准，向下，再制一个矩形，以矩形上部为基准，将其高度变为 44mm，如图 7-6 所示。

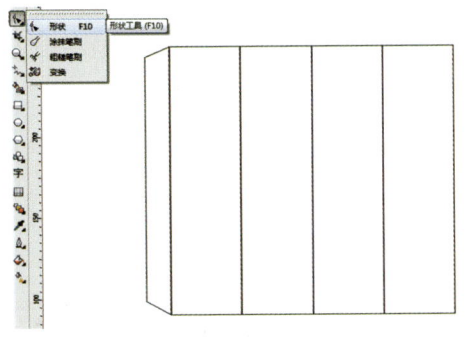

图 7-5　糊头效果

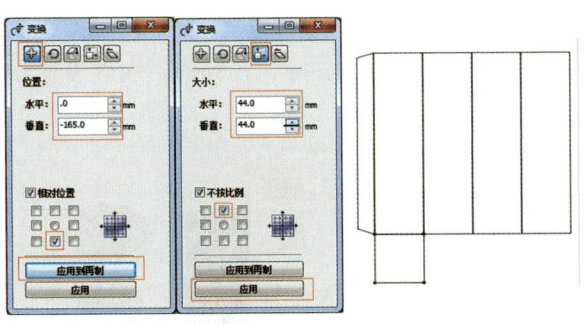

图 7-6　绘制底板

② 绘制插舌。用同样的方法，向下再制 44mm×44mm 矩形，以上部为基准，将高度变为 14mm。点击属性栏上的【圆角】，如图 7-7 所示，将【同时编辑所有角】的锁定键解除，把左下方和右下方设定为 10mm，得到圆角插舌。

③ 绘制防尘翼。选中左边第二个矩形，用上面的方法绘制 44mm×22mm 的矩形（防尘翼的高度一般取值为 1/2 插舌＋1/2 宽度，具体视情况而定，此例中直接采用了样品高度 22mm）。

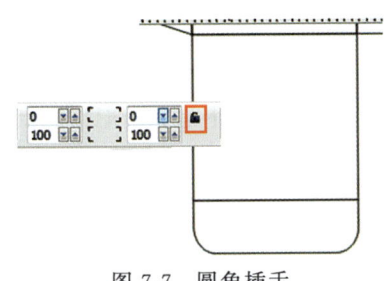

图 7-7　圆角插舌

将坐标原点定在矩形左下角，绘制一条坐标 $y=$ 5mm 的参考线。使用钢笔工具，以坐标线和矩形左边线条的交点为起点按住 Shift 键绘制一条倾斜 45°角的直线；同样使用钢笔工具，以坐标原点为起点，绘制一条倾斜 15°的直线，如图 7-8 (a) 所示。

选中矩形，按 Ctrl＋Q，将矩形转曲线，并使用形状工具，插入的第 1 和第 2 两个节点，如图 7-8 (b) 所示。然后，将左上角的第 3 节点和第 2 节点移到如图 7-8 (c) 所示位置，删除绘制的两条斜线。

将坐标 $y=5$mm 的参考线的坐标值改 3mm，再绘制两条 $x=41$mm 和 $x=38$mm 的参考线，并使用形状工具，在坐标 $y=3$mm 的参考线与矩形右边线的交点处添加节点如图

7-8（d）中第 4 节点。分别将第 4 节点和矩形右上角第 5 节点调节至如图 7-8（e）的位置。最后，删除参考线，防尘禁片绘制完成。

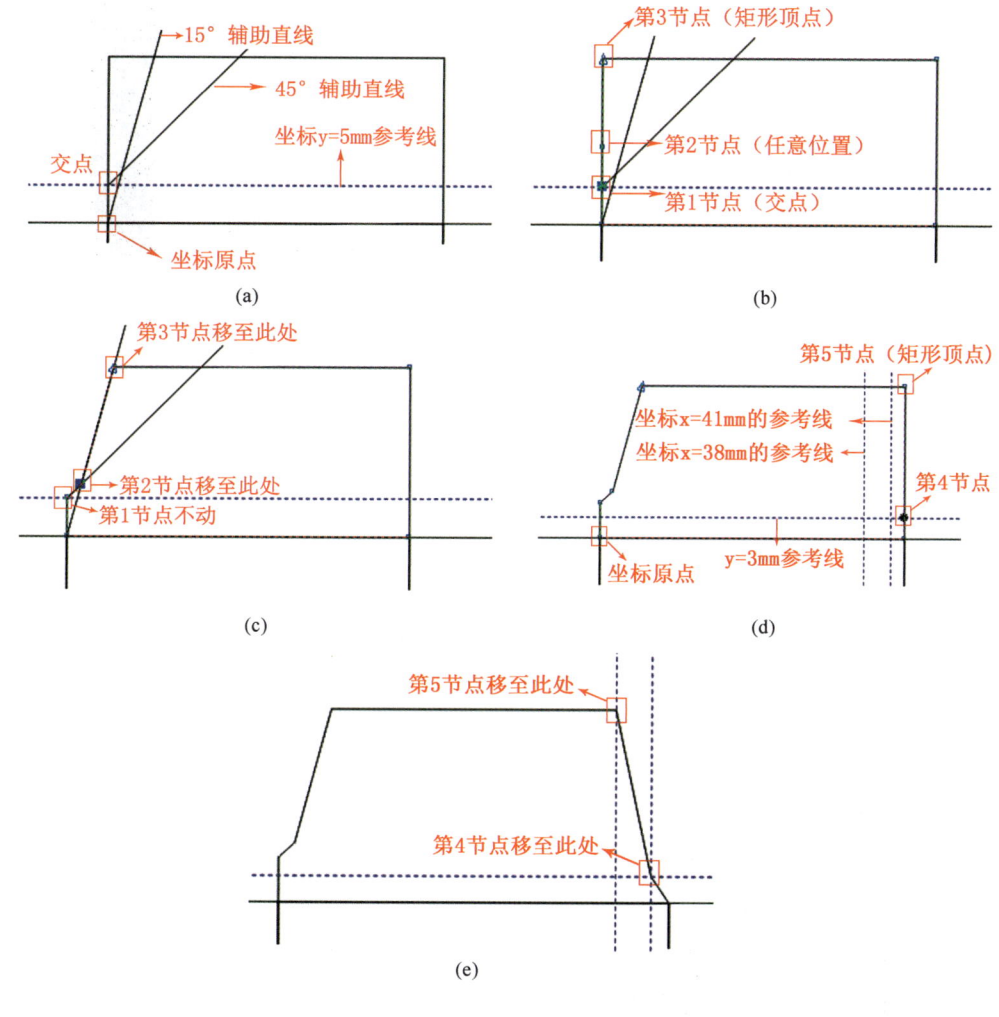

图 7-8　绘制防尘翼

④ 完成包装盒结构。使用移动复制等方式，绘制剩余部分的图形，然后群组所有图形，得到盒子的基本结构如图 7-9 所示。

注意：盒子基本结构在印前制作是一个位置参考，并不一定要里面的圆角和切角与样品一模一样，只要保证各部分尺寸正确即可，也无须将虚线绘制出来。制作模切板的结构图需要用 CAD 软件精确绘制。

2. 专色印刷图层制作

新建一图层命名为"专色印刷图层"，然后把原稿复制并定位粘贴到专色图层上。将"DC"图层上的图形全部复制粘贴到"专色印刷图层"上，随后将"DC"图层上的图形群组，并锁定"DC"图层，如图 7-10 所示。

（1）绘制专色图形

① 专色设定。自定义专色，颜色接近即可，印刷时调墨师傅需要根据样稿调节，与

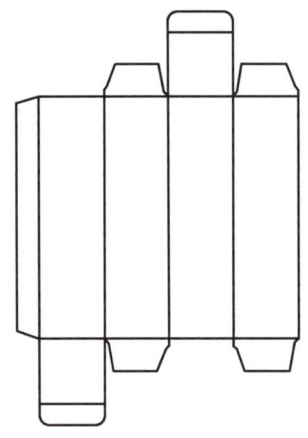

图 7-9　纸盒结构最终效果

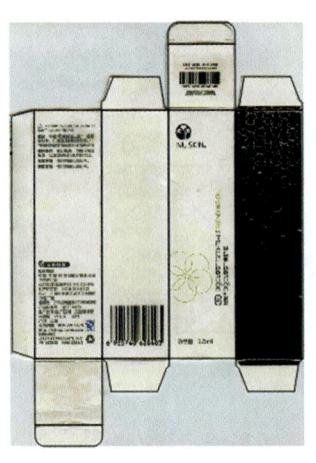

图 7-10　导入纸盒扫描样板

电子稿关系不大。点击【窗口】→【泊坞窗】→【颜色】，为方便设定颜色，可先用 Photoshop 读取一下图形的颜色数值，在【颜色】窗口中选择以"CMYK"模式显示数值，输入颜色值，对照原稿颜色，再进行适当调整，然后，点击右边黑色箭头下拉菜单中的【添加到自定义专色】，即可定义专色，如图 7-11 所示。包装使用了 5 种专色，分别定义专色绿（C25% M10% Y89% K0%）、专色灰（C64% M55% Y64% K9%）、专色红（C0% M80% Y80% K0%）、专色青（C100% M0% Y0% K0%）、专色黑（C0% M0% Y0% K100%）。

② 绘制图形。仿照包装盒扫描素材的图形绘制图形区域。点击工具栏的【椭圆形工具】，按住 Ctrl 绘制一个圆形，选择形状工具，点击属性【弧形】，将圆形转换为弧形，根据素材调整弧度大小。设置轮廓色为"专色绿"，同样色方法绘制其余的弧形。最终效果如图 7-12 所示。

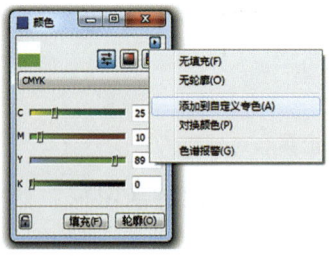

图 7-11　设定专色

图 7-12　黄绿色图形

使用【矩形工具】绘制矩形，使用【形状】工具将其转换为素材形状，使用【贝塞尔】曲线绘制图形其他部分，将图形填充为"专色灰"，如图 7-13 所示。

（2）绘制标志　绘制灰色的产品标志，如图 7-14 所示。很多产品上都有使用质量安

图 7-13　灰色图形

图 7-14　产品系列标志

全标志、环保标志、中国产品质量电子监管网标志等这一类的标志，若有标志的矢量图，可直接使用，导入后修改尺寸和颜色即可。若没有，则需要自己重新绘制，各标志绘图效果如图 7-15 所示。安全质量标志的颜色为专色青，中国产品质量电子监管网标志为"专色红"，"环保标志"的颜色为"专色灰"。

（3）制作文字　按照样版输入文字，并按位置放置，文字颜色为"专色灰"。

（4）插入条形码　包装上面的条形若客户没有提供，可以有以下几种方法获取：

① 若客户提供条形码胶片，可以使用高于 900dpi 的分辨率扫描此胶片，得到一张灰度图，将它置入排版文件。

图 7-15　标志

② 可以不将条形码做到排版文件中，而将条形码胶片和图文胶片、模切压痕胶片一起交给印刷厂，由印刷厂把条形码晒到印版上。

③ 使用 CorelDRAW 的【插入条形码】命令制作。

此项目中使用 CorelDRAW 制作，条形码颜色设置专色黑。制作方法如下：

a. 打开 Coreldraw 软件，点击【编辑】→【插入条形码】，跳出【条形码导向】对话框。分析条形码数字的个数，选择与之相对应的格式，一般条形码都是 12 或是 13 位数。12 位数的条形码一般是 UPC 格式，13 位数的条形码一般是 EAN 格式。包装印刷多采用 EAN-13 格式。"6925740628403"为 13 位数的条形码，所以选择 EAN-13 格式。条形码的最后一位数是自动生成的，也就是说 13 位数的条形码只需要输入 12 位就行，最后一位"3"不用输入，如图 7-16 所示。

b. 点击【下一步】，跳出如图 7-17 所示对话框，条形码宽度减少值是根据印刷方式来定的，一般是 6 像素，柔印就较大。条形码的缩放比例在 60%～200%（注意：ITF 纸箱是没有限制缩放比例的），条形码的分辨率要 2400dpi 以上。

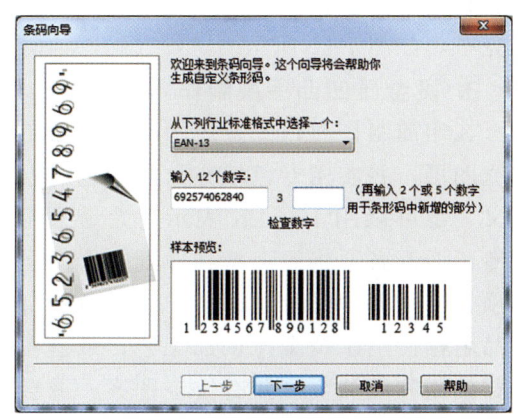 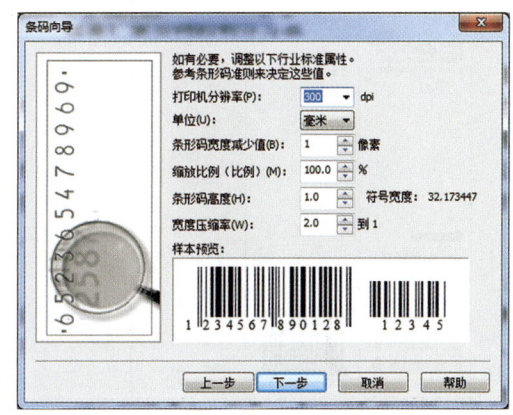

图 7-16　插入条形码对话框　　　　　　图 7-17　插入条形码设置

c. 点击【下一步】→【完成】生成如图 7-18 所示的条形码，此时的条形码为黑白条码，是位图，不能更换颜色。若想替换颜色，必须将条形码改为矢量图，以便修改颜色，进行排版。

d. 修改条形码颜色。点击生成的条形码，按 Ctrl＋C 复制，点【编辑】菜单→【选择性粘贴】，弹出如图 7-19 所示的【选择性粘贴】对话框，选择【图片（元文件）】确定后，将条形码取消群组，删掉外边框，此时的条形码，可当矢量图进行编辑和修改。

图 7-18　生成条形码

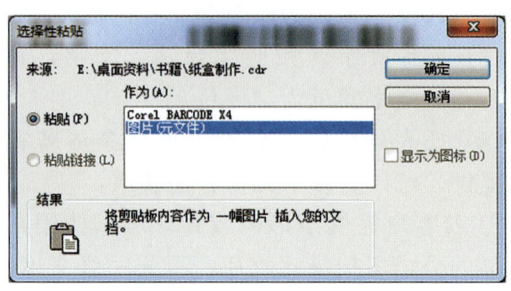

图 7-19　选择性粘贴

粘贴后的条形码为 RGB 模式，线条和文字为 RGB 均为 0 的黑色，底色白色是 RGB 均为 255 的白色，选取线条和文字填充专色黑（或其他规定的颜色），底色白变为 CMYK 均为 0 的白色（或其他规定的浅色）。

注意：①条形码的高度可以调节，若高度不适合印刷设计，可以将线条高度减小。②另外若条形码的数字离条形码较远，也可以适当调整，不影响条形码的使用，但注意条形码的线条与线条的相对位置绝对不能随意调整，否则影响其识别。③条形码的数字的位置是不影响条形码的；条形码后的白色要实，以便于形成较大的反差，不然会影响识别。④如果是在 CorelDRAW 中排版，把制作好的条形码拖到适当的位置即可，如果排版软件不是 CorelDRAW，可以将条形码导出成 EPS 格式，置入其他排版文件中。

按照以上步骤完成条形码制作，并填充为专色黑。同理，制作第二个条形码，调整色彩和大小位置。至此"专色印刷图层"制作完毕，如图 7-20 所示。

3. 烫金压凹凸图层制作

在印前制作时，烫金压凹凸图层需单独建立图层，并使用专色填充（此专色可自己定义，也可以用 100％K 表示，无论采用何种专色，都必须将烫金单独做到一个图层）。本项目中纸盒的公司 logo、产品 logo 和部分产品名称使用了烫金压凹凸工艺，纸盒右侧边板使用整版烫金，并有镂空图案，烫金材料为银色电化铝（见图 7-1 分析）。

制作烫金压凹凸图层方法如下：

（1）新建"烫金压凹凸图层"，使用【贝塞尔工具】绘制"公司 logo"，并使用单黑色"K100"填充。复制产品 logo（在前面

图 7-20　专色印刷图层

"绘制图形"部分已经绘制完成），根据原稿调整大小和位置，使用【文字】工具输入需要烫金部分产品名称，将文字转为曲线，根据原稿调整其位置大小，颜色设为单黑色"K100"，最终效果如图 7-21 所示。

（2）新建一个"烫金图层"，使用【矩形工具】将烫金区域绘制出来，填充为单黑黑色 K100%。这里要注意烫金区域要延伸至防尘翼部分，留够出血位，一方面防止烫金的时候，边缘露白，另一方面防止纸盒压痕的时候，烫金层和纸板分离。然后，绘制镂空区域图案，选择【椭圆】工具，设置轮廓色为白色，按住 Ctrl 键拖动鼠标绘制正圆，移动并不断复制完成图案的上部分。复制一个正圆，选择【形状】工具，并点击属性栏的【弧形】，将调整圆为圆弧，然后移动并复制圆弧，完成图案的下半部分，如图 7-22 所示。

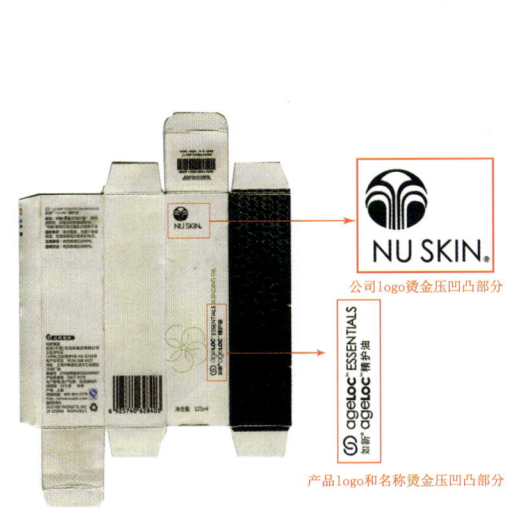

图 7-21　烫金压凹凸区域

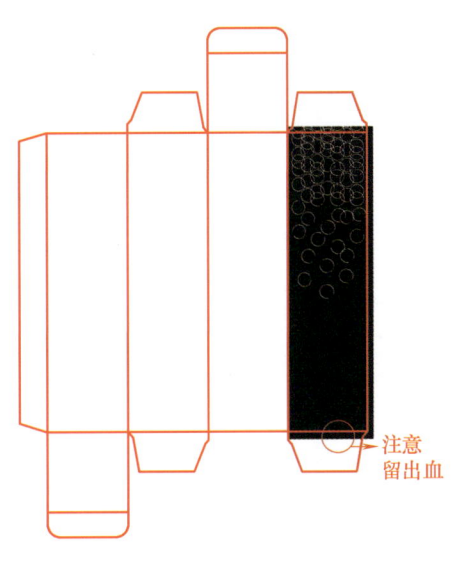

图 7-22　烫金区

4. 文件检查

（1）尺寸检查　检查文件的成品尺寸是否是 44mm×44mm×165mm。

（2）出血检查　检查出血位是否制作完整。

（3）颜色检查　检查专色印刷图层文件使用专色情况。将其他图层隐藏，只显示专色印刷图层，点击【打印预览】→【分色预览】，看分色片是否有 5 个专色。

（4）各种工艺图层检查　检查烫金、烫金压凹凸图层是否制作正确完整。

（5）内容检查　与样本纸盒核对，看是否有文字、图形等内容漏掉或多余，所有内容和位置必须与样本一致。

（6）加角线　给每个图层加上角线，最终文件效果，如图 7-23 所示。

（7）文件保存　保存制作好的纸盒文件，命名为"如新单个纸盒.cdr"，同时将文件导出为"eps"格式文件，以便在其他软件中使用。

5. 文件拼大版

当文件检查无误后，然后对纸盒进行拼大版工作。

（1）选择拼大版方式　该款纸盒属于反向插入式盒型，可使用反向插入式纸盒拼版方式进行拼大版，这样可以很大程度的节约纸张。如图 7-24 所示，纸盒的左右方向采用一

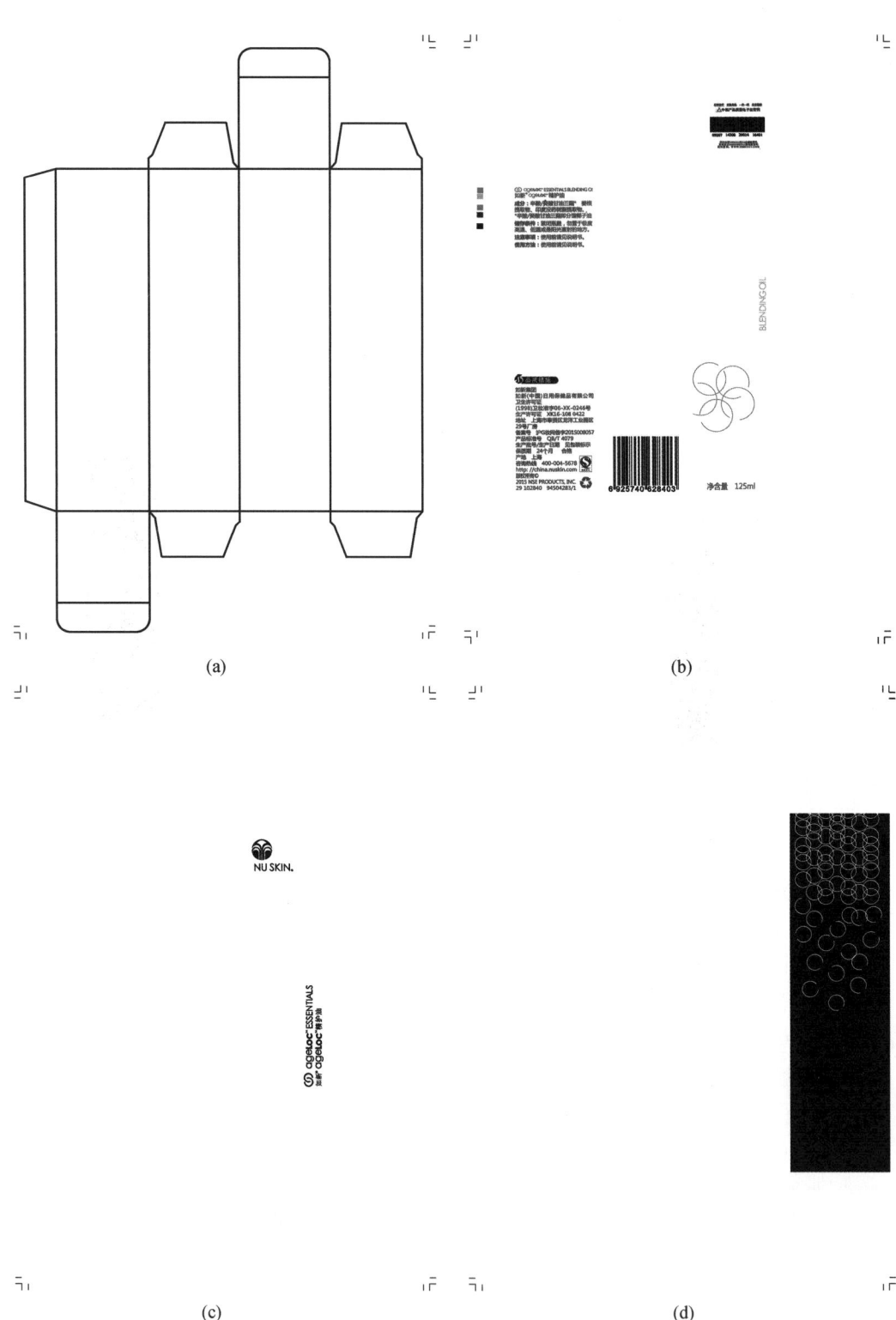

图 7-23 最终文件效果

刀切的方式，纸盒上下方向采取错位搭接方式拼大版，所以拼大版以后，上下成品尺寸错位间隔为 6mm，左右间隔为 0mm。

（2）计算拼大版联数　根据绘制完成的纸盒可知：包含出血在内纸盒的展开尺寸为 196.5mm×287mm，不含出血为 190.5mm×281mm。

正度全开纸大小为 787mm×1092mm，打开 CorelDRAW，新建"如新纸盒拼大版"文件，在属性栏中将页面尺寸设定为 787mm×1092mm（可横向也可纵向，此实例设定了横幅）。拼大版时，要先把最大印刷幅面计算并使用辅助线标示出来，最大印刷幅面是指开料后纸张的幅面减去咬口 13mm，左右两边留 6mm，拖梢位留 3mm。正度全开开纸计算出的最大印刷幅面是 771mm×1080mm，如图 7-25 所示。

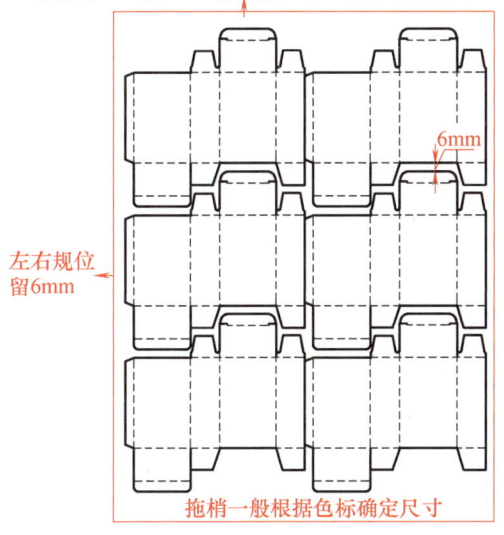

图 7-24　反向插入式纸盒拼大版方式示意图

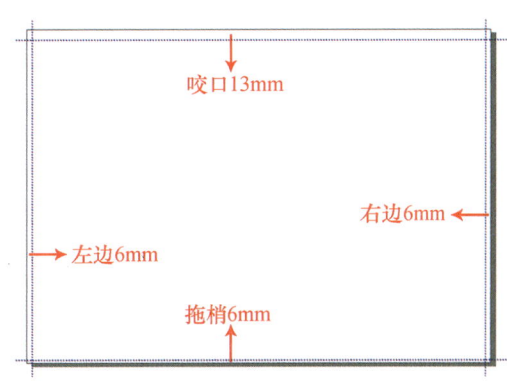

图 7-25　最大印刷幅面

假设不考虑纸的纵横方向，纸张可横向摆放也可纵向摆放，在最大的印刷幅面 771mm×1080mm 内，当纸盒的展开尺寸为 190.5mm×281mm 时，选用若横向摆放可拼 3×4 联（12 个），若纵向摆放可拼 3×5 联（15 个），如图 7-26 所示，在节约纸张的前提下，这里采用纵向摆放拼 3×5 联拼大版。

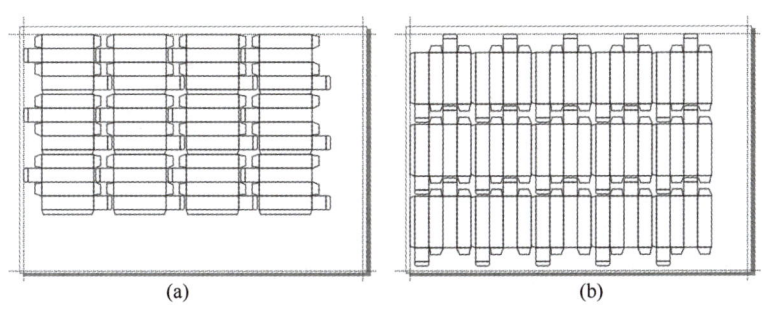

图 7-26　纵横向拼版比较
（a）纸盒横向拼版；（b）纸盒纵向拼版

（3）拼结构图大版　拼版一般先拼结构图，将"如新单个纸盒.cdr"打开，复制"DC"图层上的结构图。在"如新纸盒拼大版"文件中，新建图层，命名为"DC拼大版"，将单个DC结构图复制粘贴到"DC拼大版"图层。根据上面的分析，上下成品尺寸错位间隔为6mm，左右间隔为0mm。选择单个结构图，点击【位置】→【变换】，设置水平距离190.5mm，垂直距离0mm，点击再制，再制四个纸盒结构，如图7-27（a）所示。同时选中五个纸盒结构图，再次点击【位置】→【变换】，设置水平距离0mm，垂直距离－229mm（整个成品长度281mm－宽度44mm－插舌14mm+间隔6mm=229mm），点击再制，再制两次，并将所有图像选中群组，放置在最大印刷幅面的中间位置，如图7-27（b）所示。

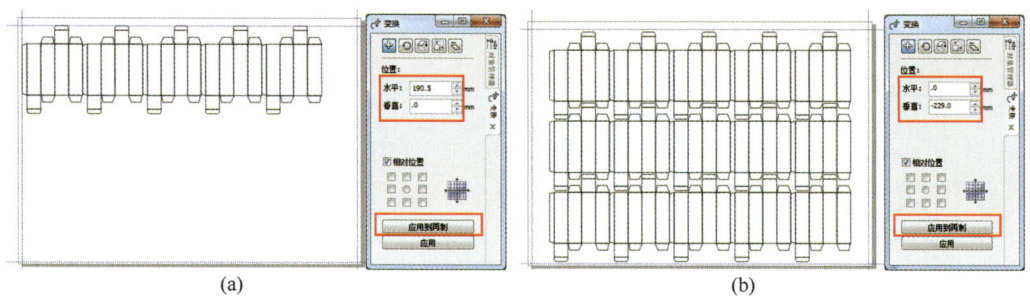

图7-27　纸盒结构图拼大版

在"DC拼大版"图层上，添加裁切线和角线，添加"刀版"文字，角线位置一定要准确，如图7-28所示。

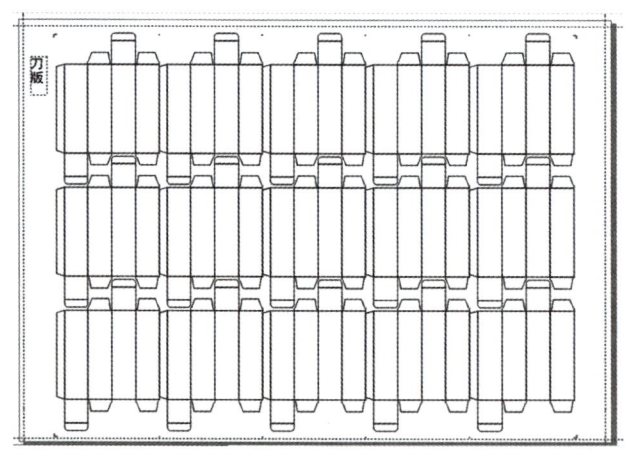

图7-28　添加规角线

（4）拼专色印刷图层大版　新建图层，命名为"专色印刷拼大版图层"，将"如新单个纸盒.cdr"中"专色印刷图层"上的内容复制粘贴，将"专色印刷图层"左上角的角线与"DC拼大版"左上角角线对齐，删除多余角线，如图7-29所示。

与制作结构图拼版一样，将单个专色印刷图选中，点击【位置】→【变换】，设置水平距离190.5mm，垂直距离0mm，点击【应用到再制】，复制四次。继续同时选中五个专色印刷图，设置水平距离0mm、垂直距离－229mm，点击【应用到再制】，再制三行。最

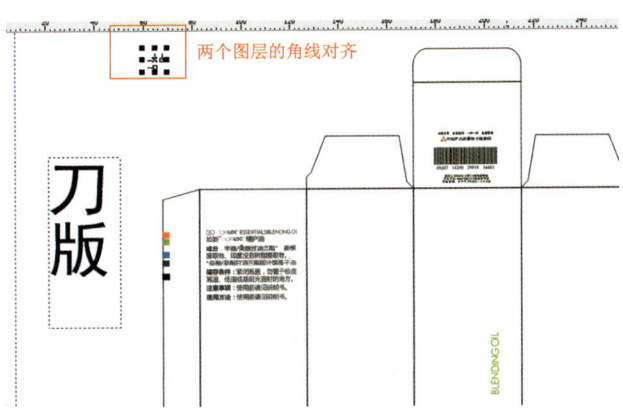

图 7-29　粘贴专色印刷图层

后加入专色色标,并把"DC 拼大版图层"上的角线复制粘贴到"专色印刷拼大版图层"上,如图 7-30 所示。

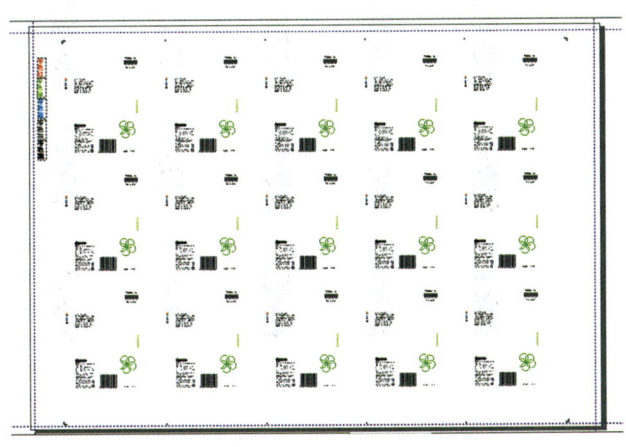

图 7-30　专色印刷图案拼大版

(5) 拼烫金压凹凸图层大版　新建图层,命名为"烫金压凹凸拼大版图层",将"如新单个纸盒.cdr"中"烫金压凹凸图层"上的内容复制粘贴,将"烫金压凹凸图层"左上角的角线与"DC 拼大版"左上角角线对齐,然后再将复制过来的角线删除,从而将烫金图层内容位置放置准确,使用如同专色印刷图层拼大版的方式,拼烫金压凹凸图案的大版,并同时输入"烫金压凹凸"字样,效果如图 7-31 所示。

(6) 拼烫金图层大版　新建图层,命名为"烫金拼大版图层",将"如新单个纸盒.cdr"中"烫金图层"上的内容复制粘贴,将"烫金图层"左上角的角线与"DC 拼大版"左上角角线对齐,然后再将复制过来的角线删除,从而将烫金图层内容位置放置准确,使用如同专色印刷图层拼大版的方式,拼烫金图案的大版,并同时输入"烫金"字样,效果如图 7-32 所示。到这里此包装盒的所有图层的大版都已经拼完。

(7) 检查并保存文件　拼大版文件完成,检查各个图层内容是否完整,位置是否对准,规矩线色标等是否齐全,检查无误后可保存大版文件,文件名为"如新纸盒拼大版"。

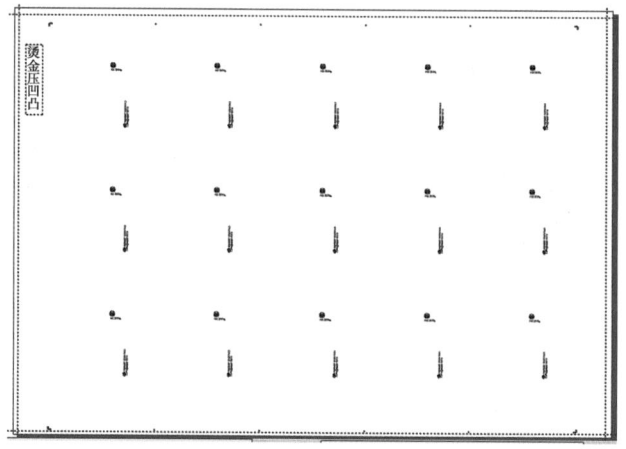

图 7-31　烫金压凹凸图案拼大版

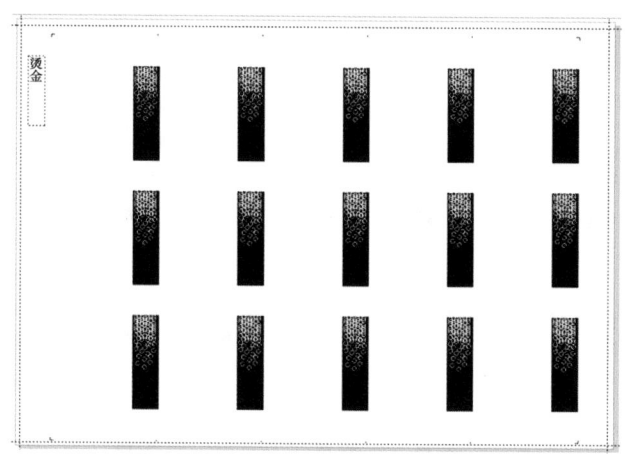

图 7-32　烫金图案拼大版

详细分析解说和拓展

1. 包装盒结构

做印前文件时，虽然纸盒结构不需要像 CAD 工程图一样绘制很精确的细节，但是纸盒的长、宽、高、防尘翼、插舌、糊口等基本尺寸必须很精确，以免平面装潢图出错，因此我们也必须对纸盒结构有清晰的认识，常用反向插入式纸盒结构图如图 7-33 所示。

A 纸盒的长度，即纸盒的开口处．也就是纸盒的第一个尺寸。

B 纸盒的宽度，即纸盒的第二个尺寸。注意糊头边的盒宽已减去一张纸厚，其用意是修正纸盒。糊好后，盒宽的纸边不会从糊头处凸出，甚至割手。

C 纸盒的深度（俗称为盒高），它是纸盒收纳物品的深度。

D 糊头，是纸盒成形主要的结合部位。所谓胶合处，两头各向内收 15°。在糊盒后，组立时，不会阻碍防尘翼的盖合。至于糊头的尺寸，一般与纸盒的大小成正比，通常是 15～20mm。

E 插舌，它是插入盒身（或盒底），固定盒盖用的。盒盖多采用摩擦式插舌，可多次

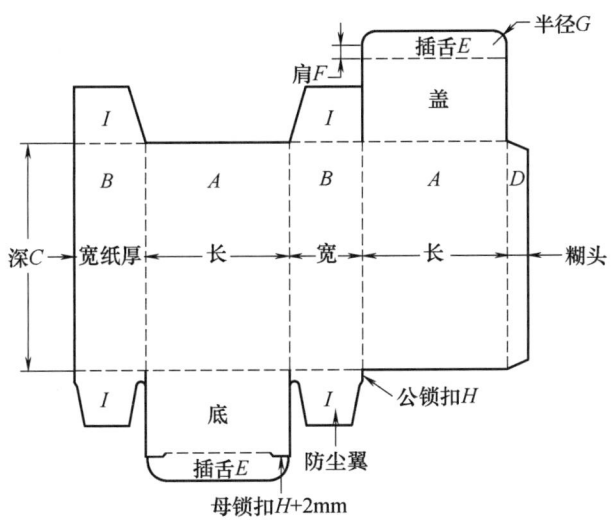

图 7-33　国际标准反向插入式纸盒结构图

开合，不至于损伤盒盖。

F 肩，是盒盖摩擦扣受阻力的部分。F 值越大，得到的摩擦效果越多。通常 5mm 就够了。

G 半径，等于插舌减去肩。

H 公锁扣，是插舌锁扣锁合处，它应小于母锁扣 2mm 以确保锁合后的紧密性。母锁扣应比公锁扣大 2mm。

I 防尘翼，其实它的作用不止是防尘，对纸盒整体强度也有关键性的帮助。没有它，整个纸盒会松懈无力。防尘翼可为 1/2 宽＋1/2 插舌，或多于或少于此尺寸，完全视需要而定，但不得大于 1/2 长．否则左右两片会重叠在一起。

2. 包装盒类型

常用纸盒类型有粘贴式纸盒和折叠式纸盒，如图 7-34 所示。

粘贴纸盒是用贴面材料将其基材纸板粘合裱贴而成的，成型后不能再折叠成平板状，只能以固定盒型运输和仓储。

折叠纸盒一般使用厚度在 0.3～1.1mm 的耐折纸板制造，在装运商品前可以平板状折叠堆码进行运输和储存。耐折纸板两面均有足够的长纤维以产生必要的耐折性能和足够的弯曲强度，使其折叠后不会沿压痕处开裂。折叠纸盒在设计

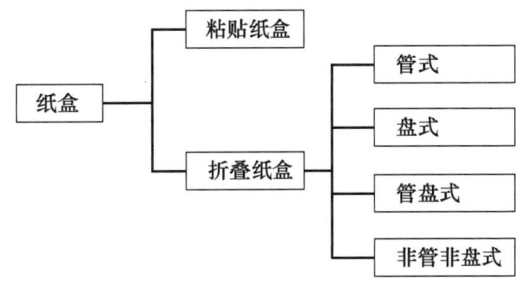

图 7-34　纸盒类型

时，可以根据纸盒容积及内装物重量选择适当厚度的纸板。折叠纸盒的主体结构按成型方法主要分为管式、盘式、管盘式和非管非盘式等几大类。

（1）管式折叠纸盒　管式折叠纸盒是主要的折叠纸盒种类之一，指在纸盒成型过程中，盒盖和盒底都需要摇翼折叠组装固定或封口的纸盒。其特点是包装操作简单，节省纸

板，并可设计出许多别具一格的纸盒造型，但只限于小型轻量商品。

不同的管式折叠纸盒主要由盒盖和盒底的不同结构来细分，盒盖结构有很多种：

① 插入式盒盖具有再封作用，可以包装家庭日用品、玩具、医药品等，如图 7-35 所示。

② 锁口式的结构是主摇翼的锁头或锁头群插入相对摇翼的锁孔内，特点是封口比较牢固，但开启稍嫌不便，如图 7-36 所示，类似的还有插锁式。

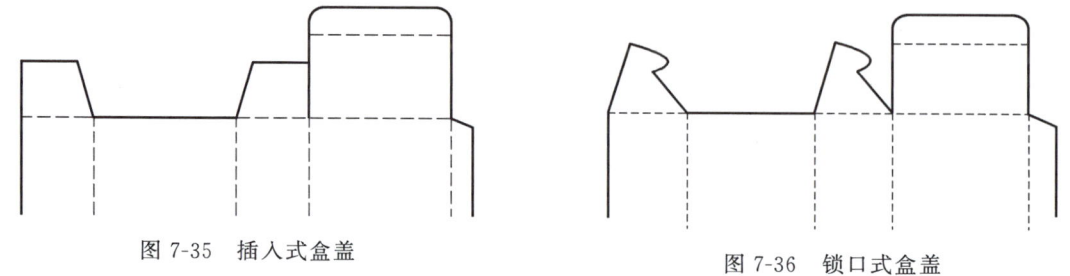

图 7-35　插入式盒盖　　　　　　图 7-36　锁口式盒盖

③ 连续摇翼窝进式盒盖是一种特殊的锁口形式，可以通过折叠组成造型优美的图案，装饰性极强，可用于礼品包装，缺点是手工组装比较麻烦，如图 7-37 所示。

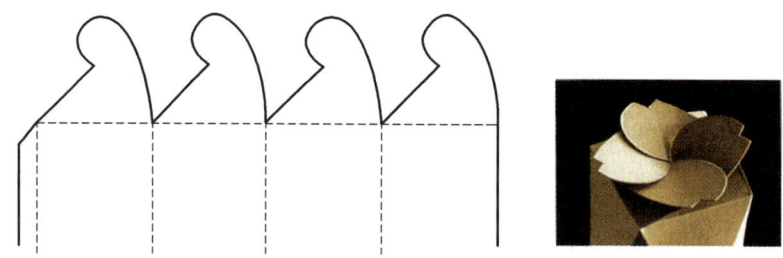

图 7-37　连续摇翼窝进式盒盖

④ 粘合封口式盒盖是将盒盖四个摇翼互相粘合。这种盒盖封口性较好，适合高速全自动包装机，开启方便，应用较广，如图 7-38 所示。

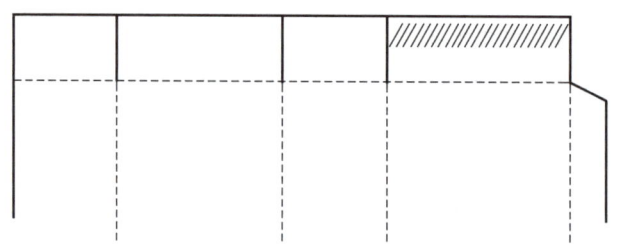

图 7-38　粘合封口式盒盖

⑤ 正揿封口式结构是在纸盒盒体上进行折线或弧线压痕，利用纸板的强度和挺度，揿下压翼来实现封口，如图 7-39 所示。

⑥ 一次性防伪式结构形式的特点是利用齿状裁切线，在消费者开启包装的同时使包装结构得到破坏，防止出现有人再利用包装进行仿冒活动。这种包装主要用于药品包装和一些小食品包装中，像胶卷包装目前也都采用这种开启方式，如图 7-40 所示。

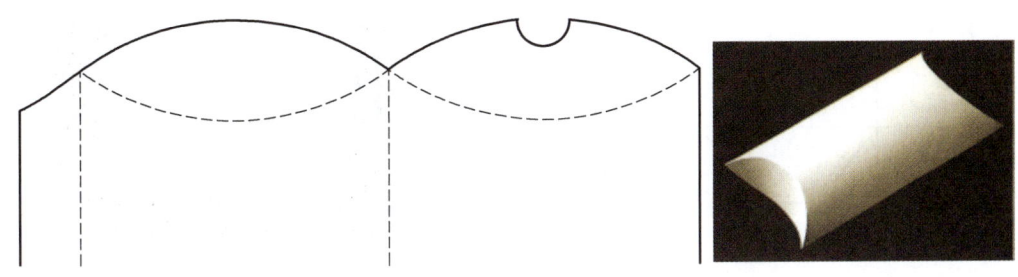

图 7-39　正揿封口式盒盖

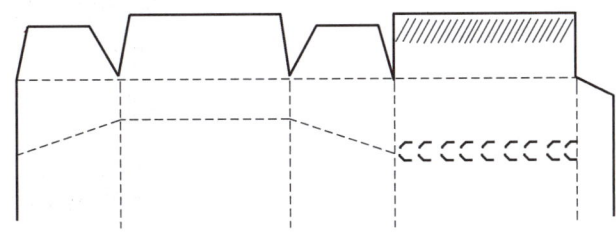

图 7-40　一次性防伪式

与盒盖相类似，纸盒底盖的种类也有很多。不过，如果盒底的结构过于复杂，就会影响自动装填机和包装机的效率，而手工组装又会耗费时间，因此，对于折叠纸盒来说，盒底的设计原则是既要保证强度，又要力求简单。常见的盒底主要有别插锁底式、自动锁底式、间壁封底式、间壁自锁式、粘合封底式和正揿封底式等。

① 摇盖插入式。其结构同摇盖插入式盒盖完全相同，这种结构使用简便，但承重力较弱，通常适合包装食品、文具、牙膏等小型或重量轻的商品，如图 7-41 所示。

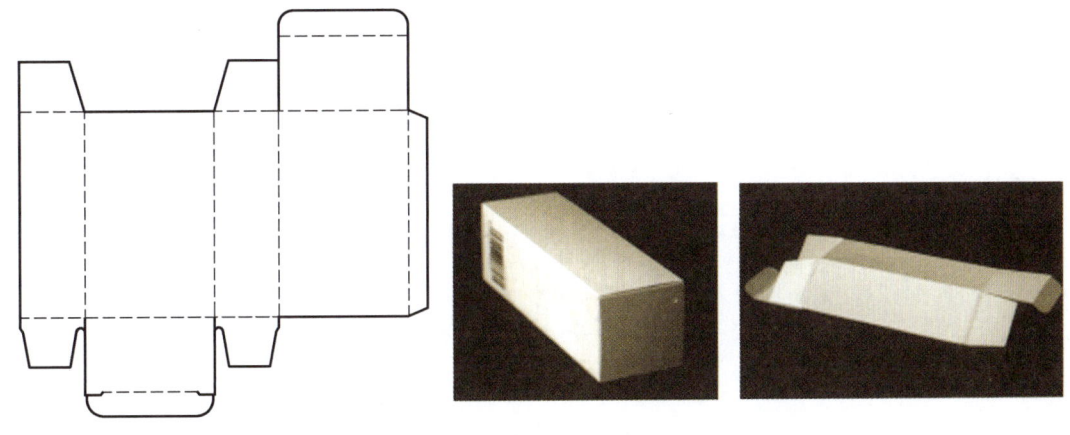

图 7-41　摇盖插入式

② 别插式锁底式。如图 7-42 所示。

③ 自动锁底式。自动锁底是采用了预粘的加工方法，但粘接后仍然能够压平，使用时只要撑开盒体，盒底就会自动恢复锁合状态，使用极其方便，省时省工，并且牢固具有良好的承重力，适合于自动化生产，如图 7-43 所示。

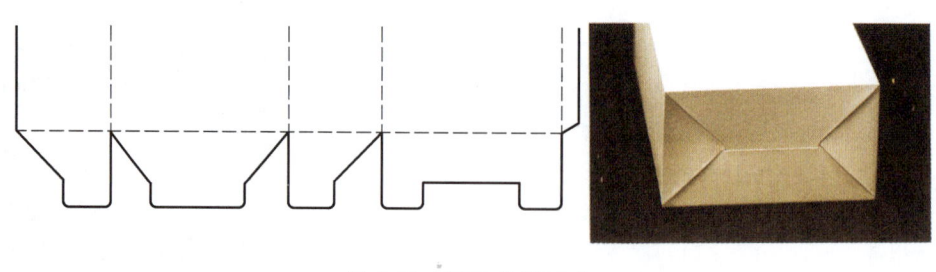

图 7-42　别插式锁底式

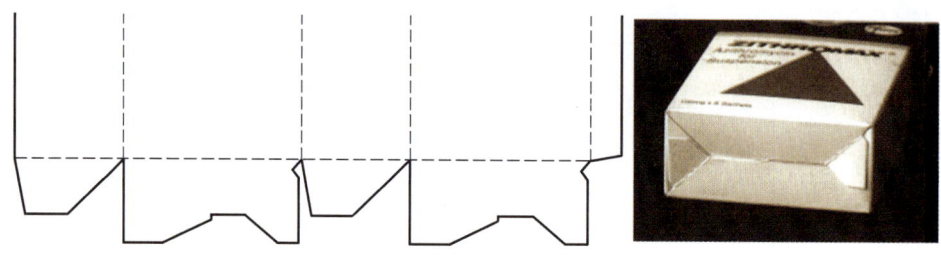

图 7-43　自动锁底式

④ 间壁封底式。间壁封底式结构是将管式结构的四个摇翼设计成具有间壁功能的结构，组装后在盒体内部会形成间壁，从而有效地分隔固定商品，起到良好的保护作用。间壁与盒身为一体，可有效节省成本，而且纸盒抗压强度较高，如图 7-44 所示。

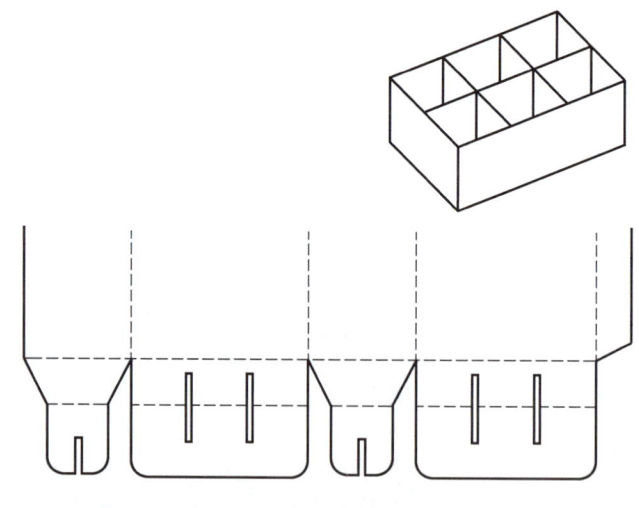

图 7-44　间壁封底式

（2）盘式折叠纸盒　盘式纸盒结构是由纸板四周进行折叠咬合、插接或粘合而成型的纸盒结构，这种纸盒在盒底上通常没有什么变化，主要结构变化体现在盒体部分。盘式纸盒一般高度较小，开启后商品的展示面较大，这种纸盒结构多用于包装纺织品、服装、鞋帽、食品、礼品、工艺品等商品。盘式折叠纸盒的盒盖结构一般分为罩盖式、摇盖式、插别式、正撅封口式和抽屉盖式等几种。如图 7-45 所示为摇盖式结构。

图 7-46 所示为罩盖式盒型，盒边结构是双重的，生产方式简单，各部位收头完整，

一般都会做成上下盖，形成天地罩盖盒型。

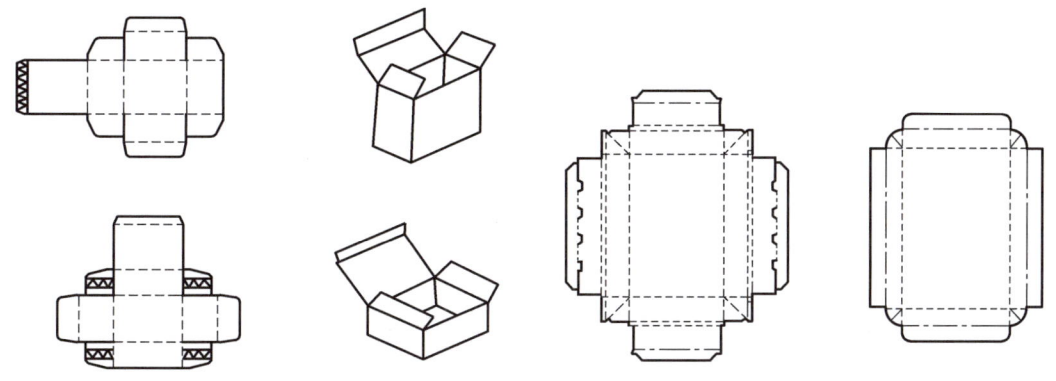

图 7-45　摇盖式结构　　　　图 7-46　罩盖式

3. 包装纸盒拼大版方式

多个纸盒的拼版应尽量节约版面，其拼版方式有以下几种：

（1）一刀切拼版　让纸盒尽量紧密地排在一起，相接处共享一条模切线，如图 7-47 所示。

（2）双刀切拼版　相邻模切品之间留有废边，废边的宽度大于 5mm 以便在刀口旁边安装橡皮条，这些废边应尽量连在一起便于模切后清理，如图 7-48 所示。

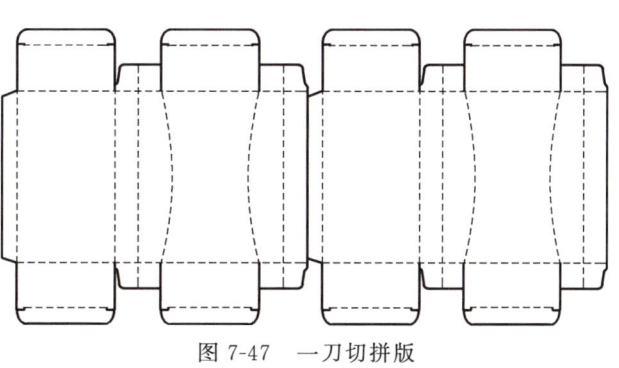

图 7-47　一刀切拼版

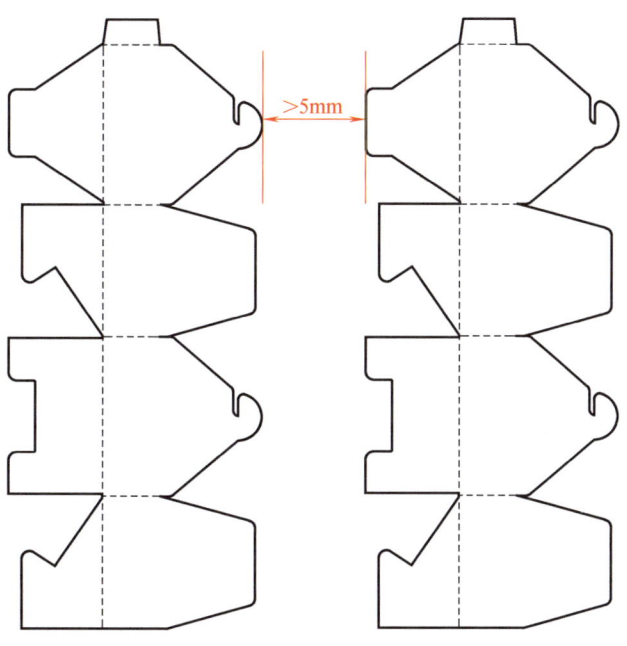

图 7-48　双刀切拼版

（3）搭接桥拼版　不同的盒型选择的拼版搭接方式也不同，常见盒型通常有反向插入式纸盒、直插盒、锁底盒，如图 7-49 所示。

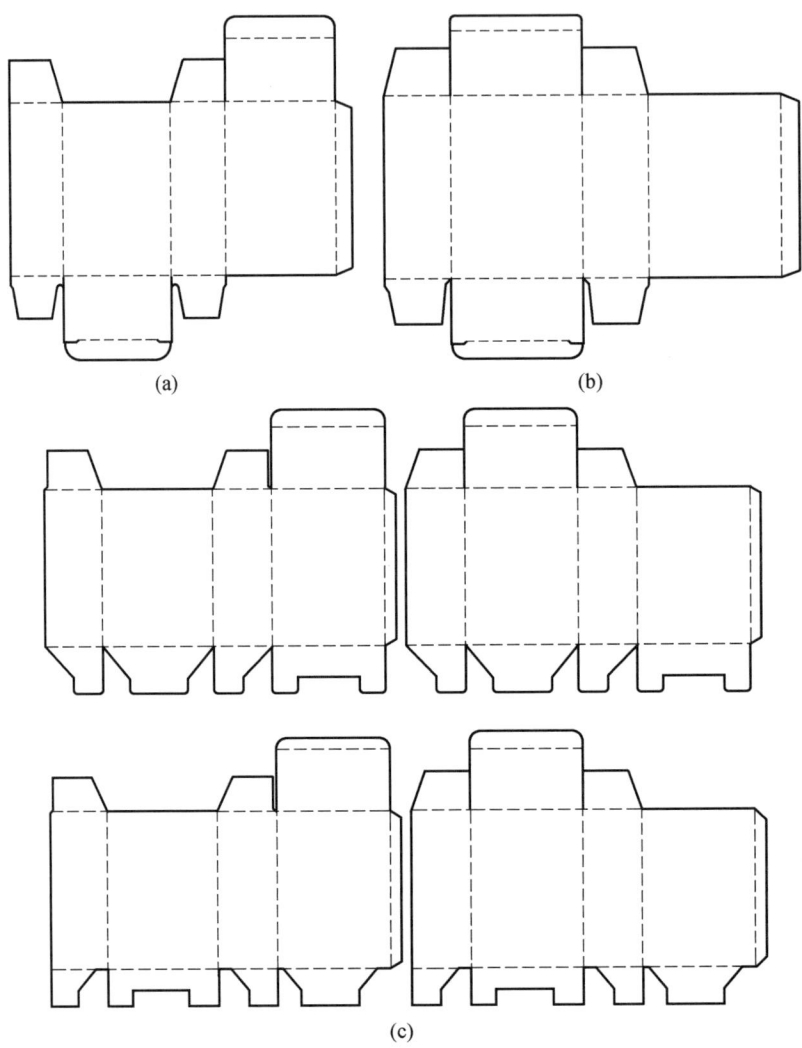

图 7-49　常用纸盒盒型
（a）反向插入式纸盒　（b）直插式纸盒　（c）四种锁底盒

图 7-50 至图 7-53 给出了不同盒型的拼大版方法。

4. 包装纸盒材料

包装盒的材料一般选用铜版纸、瓦楞纸、牛皮纸、卡纸（白卡纸和灰卡纸）、特种纸。表 7-1 总结了这些常用材料的一些性能，具体使用时可根据产品的需要进行选择。

5. 包装盒翻版注意要点

① 尺寸要符合原版尺寸。

② 色彩正确，四色印刷品色彩不能达到 100%，也要达到 85%～90%。

③ 如果有专色版，则分色制作并做相应的处理，包括印刷要求的陷印、叠印等。

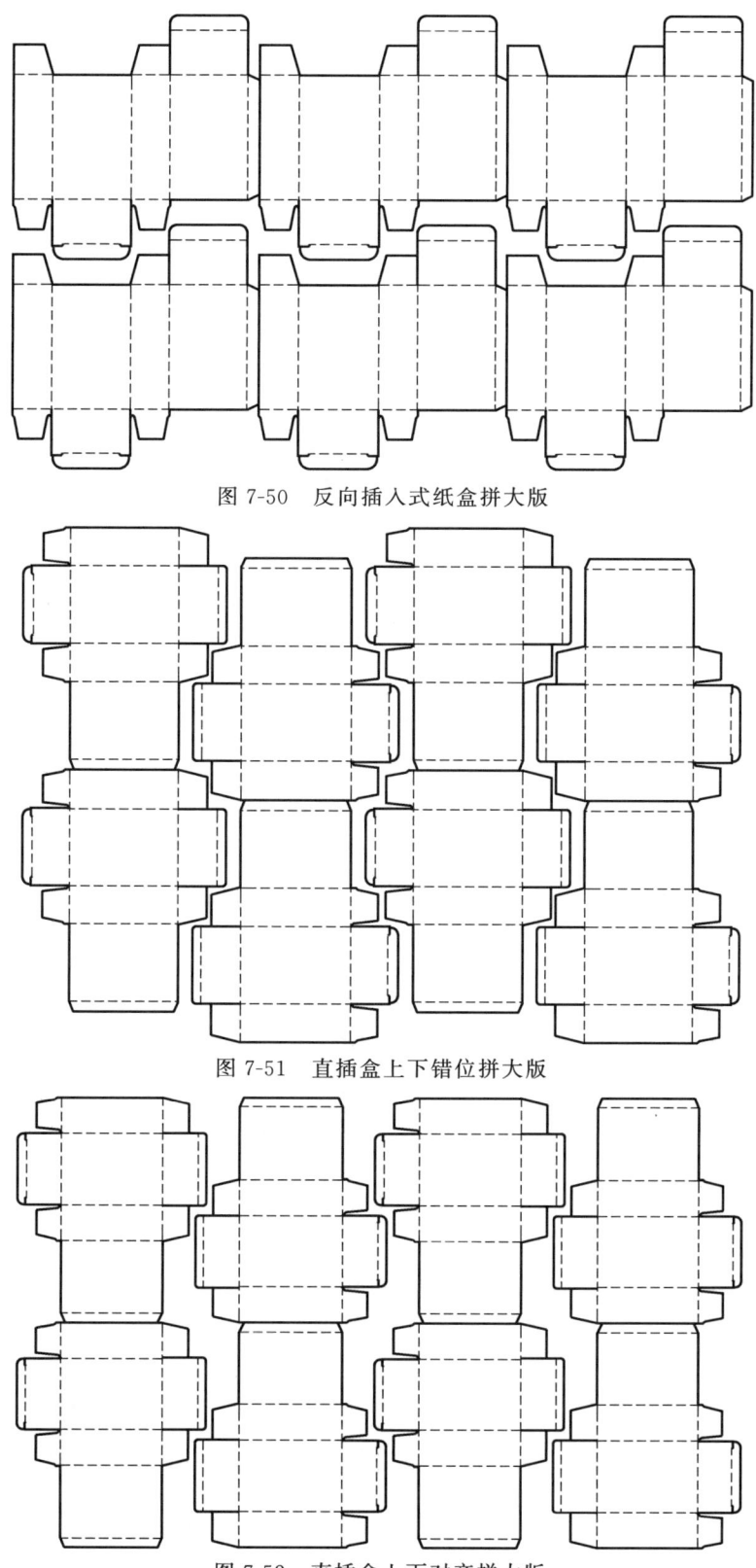

图 7-50　反向插入式纸盒拼大版

图 7-51　直插盒上下错位拼大版

图 7-52　直插盒上下对齐拼大版

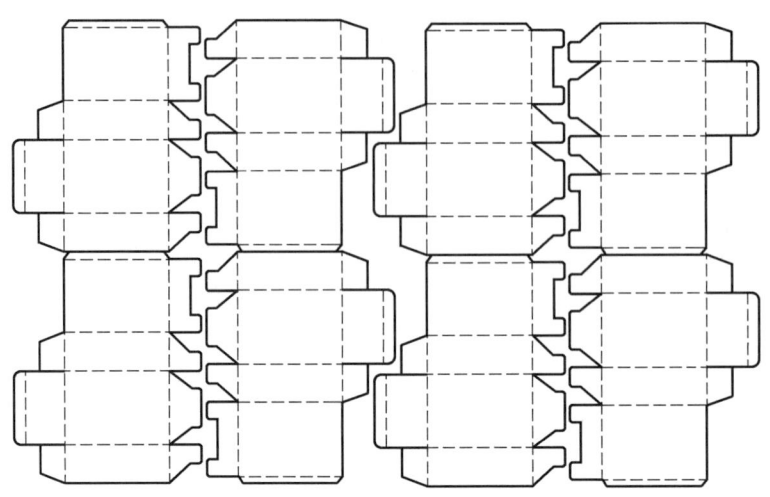

图 7-53 锁底盒拼大版

表 7-1 包装纸盒常用材料比较

材料名称	硬度	成本	印刷适性	适合产品档次	印后加工适性	使用注意	特　点
铜版纸	适中	较低	良好	普通	可覆亚光膜或光膜		具有较高的白度和光泽度、可印画面和色块
瓦楞纸	适中	较低	一般				具有较好的缓冲和抗压性能
牛皮纸	较大	较低	一般	普通		一般不覆膜	印刷深色的文字、条纹或者对比度较强的色块
白卡纸	较大	最高	良好	高档	可覆镭射纸	可双面印刷	表面光滑细腻
灰卡纸	适中	适中	良好	中高档		单面印刷	表面平整，着胶不易变形
特种纸		较高		高档			具有不同的颜色、光泽和纹理，有特殊视觉效果

④ 字体、字号、排版方式等必须严格按照原件样式，除非客户另外要求。

⑤ 原件都是成品尺寸，在复制过程中，外边需要加出血的地方都要将画面延伸制作出血边。

⑥ 如果原件有套版不准确或原先的制作有错误，应当纠正。

6. 条形码基本知识

商品条形码是商品身份的象征，能够自动阅读识别，方便商品流通，结算；能对商品销售的信息进行分类、汇总和分析，有利于经营管理活动的顺利进行；能够通过计算机网络及时将销售信息回馈给生产单位，缩小产、供、销之间信息传递的时空差。然而目前商品条形码印刷后有时难以识读或容易误读的问题，有很大部分原因出现在印前环节没有设计好或审查好。有些设计、制版人员对条形码基本认识不了解，喜欢根据自己的设计思路，随意制作条形码的高度、宽度、空白区宽度、颜色，有的甚至还有将条形码设计成四色套印的版面，导致印刷时出现套印不准、重影等现象。有的商品条形码虽然客户已经提供，但实际应用时没有按标准进行缩小或放大，造成仪器难以识读或出现误读情况。下文从条形码尺寸设计、条形码位置放置、条形码颜色设计、条形码设计软件选用等方面介绍了商品条形码在印前设计或审查时应注意的问题，从印前环节减少和控制条形码印刷质量问题，提高商品条形码印刷质量。

目前印刷厂的条形码来源主要是客户提供的条形码设计稿、原版胶片或印前部门自己为客户设计制作条形码。不论是客户提供的原稿还是自己设计、印刷部门在印刷前都需要进行审查。审查内容主要包括条形码尺寸设计、条形码位置放置、条形码颜色设计等内容。条形码菲林片审查合格后方可投入制版印刷，如审查不合格，应及时与客户联系，协商解决。

（1）条形码尺寸设计　商品条形码尺寸应符合 GB 12904—2008 第 6.1 等条款的规定，尺寸包括条形码的放大系数、条形码的条高、条宽和条形码的两侧空白区尺寸。

尺寸设计首先是选择放大系数，放大系数指的是条形码设计尺寸与条形码标准尺寸的比值，国际规定的放大系数的范围是 0.8~2.0。在实际应用中，针对不同的产品印刷厂可以根据实际情况进行印刷适性测试，一般情况下最小放大系数不要小于 0.85。

条形码的条高、条宽须依照国际相关规定，不能任意裁缩，否则会影响条形码的识读。如果是特殊情况，比如烟包小盒，条高可以裁短，但必须尽量使条高最大。

印刷过程中由于油墨的渗透，使印刷出的条宽总是宽于原版胶片，因此在设计条形码符号时要对条宽取值做适当减小，这个减小的值叫条宽缩减量（BWR）。由于条形码设计软件的本身偏差和印刷工艺及材料的特点，在设计使用时可以适当性决定。印刷厂通过印刷适性试验就可以找出条宽减少量的数值。一般胶印、凹印 BWR 值较小，柔印的 BWR 值较大。注意条宽最小宽度应不小于 0.13mm，即 0.33mm×放大系数-BWR≥0.13mm（0.33mm 为放大系数为 1.00 时，EAN/UPC 条形码的模板宽度）。

两侧空白区必须留足，空白区过少不仅不利于扫描，也不美观。以 EAN-13 条形码放大系数为 1 时左右空白区最小宽度为：左侧 3.63mm，右侧 2.31mm；EAN-8 条形码放大系数为 1 时左右空白区最小宽度均为 2.31mm。

（2）条形码位置的放置　条形码印刷位置选择应符合 GB/T 14257—2009 的规定。条形码位置考虑以符号不变形、不易受损、易于扫描操作和识读为原则。通常条形码置放于商品外包装的背面或侧面，另外需要考虑印刷工艺、商品包装类型、包装与运输特性等来放置条形码位置，细则如下：

① 考虑印刷工艺特点。拼版时应使条形码方向与滚筒的周向相对应（即条形码的条沿机器滚筒周向相放置），以免使条与空之间出现伸长变形，而影响扫描时的准确识读。

② 考虑商品包装类型。一般箱式包装条形码印在箱体下部右侧罐装和瓶装包装条形码最好印在标签的一侧下方，并且条形码符号表面曲度不要超过 30°；桶形包装条形码也最好印在桶的侧面，并且条形码印在盖子上，但盖子深度不可超过 12mm；袋状包装有底且底面较大，可将条形码印在底面上或印背面的下部中央；书刊条形码通常印在底封或护封的左下角，且条线的方向与书脊成平行状。

③ 考虑商品包装与运输特性。切记将条形码放置在容易受损的部位，如在线自动输送包装过程中与机器部件相摩擦的部位。有折叠的包装，不能使条形码得局部被折到另外一个角度或面。有装订、开口、冲孔的包装，不能影响条形码的整体扫描，这些涉及条形码扫描识读效果的基本要求，在设计制版时都必须考虑周全。

（3）条形码颜色选择　条形码颜色搭配选择应该符合 GB 12904—2008 中的第 6.2 条

款的要求。

条形码识读器是通过条形码符号中条、空对光反射率的对比来实现识读的，因此条、空颜色选择决定到印刷对比度并对条形码识读起决定性作用。颜色选择总的原则是：条与空的颜色反差越大越好，空的颜色越浅越好，条的颜色越深越好，并且空色最好是低光泽的哑色。

除此之外，还需要根据印刷载体、印刷条件等合理设计条形码颜色。

条色黑、空色白是最理想的条形码颜色，可获得最大对比度。黑色、蓝色、绿色等适合于作为条色；而红色、黄色（包括橙色）反射红光比较多，适合于作为空色。那是因为检测仪的光源是标准 A 型光源，该光源是一种偏红色的光源，想要通过检测仪检测，就要求条形码的条反射尽可能少的红光，条形码的空反射尽可能多的红光。金、银、全息卡纸均不能直接用作空色，需加印白墨，且白墨以低光泽为宜。因为其反光度和光泽性会造成镜面反射效应而影响扫描仪识读。

对于透明或半透明的印刷载体，应禁用与其包装内容物相同的颜色作为条色，以免降低条空对比度，影响识读。也可以在印条形码时，先印白色的底色作为条形码的空色，然而再印刷条色。白色的底能使条形码与包装内容物颜色隔离，保证条空对比度 PCS 值达到技术标准要求。

当装潢设计的颜色与条形码设计的颜色发生冲突时，应以条形码设计的颜色为准改动装潢设计颜色。通常条形码符号的条空颜色可参考表 7-2 进行搭配，且应符合 GB 12904 商品条形码标准文本中规定的符号光学特性要求，最主要是通过条形码检测设备的检测。

表 7-2　　　　　　　　　　　条码符号条空颜色搭配参考表

序号	空色	条色	能否采用	序号	空色	条色	能否采用
1	白色	黑色	√	17	红色	深棕色	√
2	白色	蓝色	√	18	黄色	黑色	√
3	白色	绿色	√	19	黄色	蓝色	√
4	白色	深棕色	√	20	黄色	绿色	√
5	白色	黄色	×	21	黄色	深棕色	√
6	白色	橙色	×	22	亮绿	红色	×
7	白色	红色	×	23	亮绿	黑色	×
8	白色	浅棕色	×	24	暗绿	黑色	×
9	白色	金色	×	25	暗绿	蓝色	×
10	橙色	黑色	√	26	蓝色	红色	×
11	橙色	蓝色	√	27	蓝色	黑色	×
12	橙色	绿色	√	28	金色	黑色	×
13	橙色	深棕色	√	29	金色	橙色	×
14	红色	黑色	√	30	金色	红色	×
15	红色	蓝色	√	31	深棕色	黑色	×
16	红色	绿色	√	32	浅棕色	红色	×

注："√"表示能采用；"×"表示不能采用。

总之，商品条形码的条、空颜色的选择直接影响条形码的识读，企业在设计或印前审查时必须严格审查。设计者如不清楚所选条、空颜色搭配是否符合要求，可用条形码检测仪测量茶色和空色的反射率，然后按 PCS 值计算公式计算看是否符合标准所要求的数值来决定。

（4）条形码生成软件选择　目前市场上比较常见的国内及国际知名条形码软件有十多种，如 BarTender、CodeSoft、LofrWare、Barone、Iabel mx、LabelPainter、Nicelabel、Labelmartix、Labelshop 等。各个印刷厂应该都要有自己专用的条形码生成软件，软件选择的原则如下：

① 条高、条宽、条宽缩减量等参数可以调整，输出尺寸与国际尺寸符合，精度最好达到微米级。

② 需要考虑条形码的输出格式，有些需要包含相关打印机的驱动程序，有些要支持处理软件的格式，印刷企业选择时需考虑到与使用软件的匹配性。

③ 软件最好可提供相关标准提示，例如大小宽度的限制，方便提示使用者。

④ 很多条形码生成软件虽然专业，但条长、条高、条宽等参数与标准尺寸相比，还是有一定的差异，需要使用条形码测试仪进行测试，并通过各自经验进行适当调整使用。

条形码的印刷质量需要从印前这个源头抓起，严格按照国际要求，并合理考虑印刷实际情况进行条形码的尺寸、位置和颜色的设计，若放大系数较小时，最好能通过印刷适性测试，以保证之后的印刷、检测过程少出错误。

7. 包装盒的印后加工工艺

（1）烫印　烫印俗称烫金、烫银，是用加热的金属模板将金箔、银箔转印在承印物表面，使它们牢牢地结合。现在除了烫金、烫银，还可以使用各种颜色的电化铝烫印。电化铝除了有传统金、银箔的光泽外，还有丰富的色彩和肌理，甚至可以在各种底色上做出类似于皮革、纺织品、木材的凹凸纹路，如图 7-54 至图 7-56 所示。

图 7-54　烫金效果

图 7-55　烫银效果

(a)

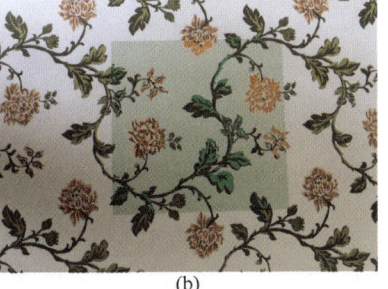

(b)

图 7-56　电化铝烫印
(a) 电化铝箔　(b) 烫绿

图 7-57 烫印版

电化铝烫印有全面烫印,也有局部烫印,在包装印刷领域大部分使用的是局部烫印。烫印需要制作烫印版,即用铜版、钢版和锌版制成的金属版,然后通过腐蚀或电雕等方法,将图文转移到金属版上。目前多用铜版,因为其传热性能好,耐压、耐磨、不变形。图 7-57 上有凹凸,凸起部分就是要烫印的图案的形状。

烫印不是印刷工艺,而是印后加工工艺。它没有使用任何油墨,但印前制作方法与专色一样,我们可以把烫印的图文当成专色。

常见的烫印的类型如图 7-58 所示,主要有:

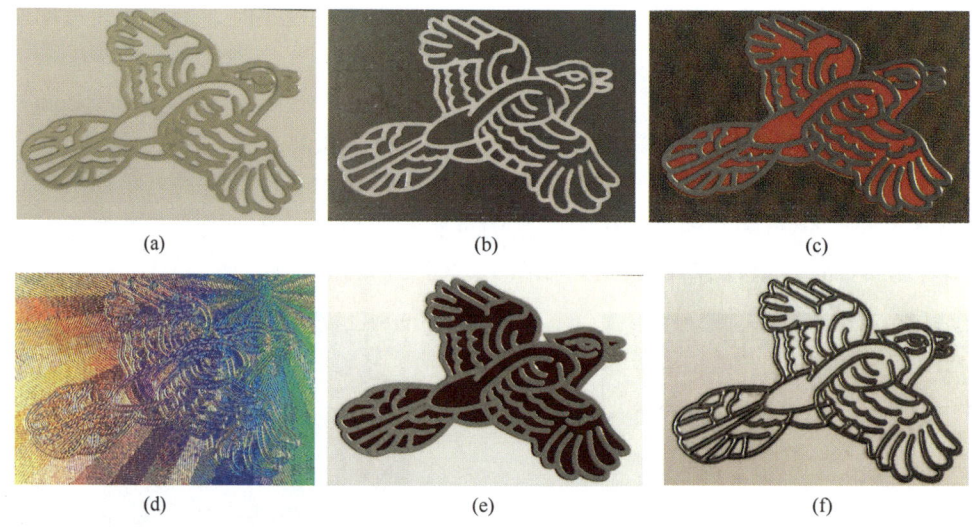

图 7-58 烫印种类
(a) 平烫 (b) 反烫 (c) 篆铭烫 (d) 折光烫 (e) 多重烫 (f) 立体烫

① 平烫。最普通的烫印,四周留白,以突出烫金主体为目的,相对于其他烫金方式来说,制作过程比较简单,如果数量不多采用锌版烫印即可。

② 反烫。与平烫印制作方法相反,主体部分留白,而在背景部分烫金。烫印面积大小根据画面设计需要而定,如果金箔面积较大时,需要考虑其附着性能是否符合工艺要求。

③ 篆铭烫。根据画面需要,把烫金与印刷部分巧妙的结合,先印刷再烫金。工艺制作过程中对套准要求较高,需要对位准确才能得到完美效果。

④ 折光烫。烫金版制作时,主要图像与背景图形以不同粗细或走向线条作为隔区,形成折光效果,强调图形线条艺术感。通常采用激光雕刻版。

⑤ 多重烫。在同一个图形区域重复烫印两次以上,需要经过多次加工工艺,同时还

必须注意两种金箔是否兼容，以防止出现附着不牢现象。

⑥ 立体烫。烫金加压凹凸效果，通常使用浮雕烫金版，凸起的高度需要在金箔的表面张力所能承受的范围。

烫印图文设计的注意要点：

① 图文尤其是文字和线条不能太精细，否则烫印不上。

② 烫印的图文必须是实地的色块、文字或线条，不能有渐变色和加网，因为目前的烫印精度还达不到加网的要求，但冷烫工艺除外。

③ 避免在同一页面上让大色块、大字、细线条和小字穿插，因为烫细线需要较低的温度，较小的压力。如果同时存在大色块，就要在大色块底下加垫板以补偿压力。如果设计师在大色块中又套放了小文字、小线条，印后操作可就难了，大面积满足烫印需求，小面积就要糊版，照顾了小地方，大色块又烫印不牢。

（2）局部 UV　UV 是 Ultro Violet（紫外线）的缩写，在印刷业中它专指一系列可以在紫外光照射下固化的特种油墨，这些油墨往往有特殊的光泽和肌理，有镜面油墨、磨砂油墨、发泡油墨、皱纹油墨、锤纹油墨、彩砂油墨、雪花油墨、冰花油墨、珠光油墨、水晶油墨、激光油墨等，印刷品上点缀这些油墨可突出关键的文字和图案，活跃版面，丰富表面质感，这称为局部 UV。图 7-59 使用了局部 UV 皱纹效果，照片还不足以表达 UV 油墨的光泽度和厚度。

UV 油墨实际上是一种专色，通常采用丝网印刷的方式来实现。无论 UV 效果如何绚丽，在印前制作时与烫金一样，只需要按一般专色制作一个 UV 图层即可，出菲林片时，UV 墨图层单独作为一张胶片输出，印刷厂即可依样制版，并在四色印刷之后使用对应效果的 UV 油墨印刷在所需的部位。

图 7-59　局部 UV 皱纹效果

图 7-60　凹凸压印

（3）凹凸压印　凹凸压印又称压凹凸、击凸、凹凸压纹，实际上是一种浮雕效果，具有立体感，类似于盖钢印的工艺。它有一个凹的模具和一个凸的模具，它们的凹凸面是契合的，把它们垫在纸的两面，对齐，加压，必要时还要加热，就可让图案部分在纸上鼓起来了，如图 7-60 所示。

就凹凸压印的表面而言，分为单层凸效和多层凸效两种效果：单层凸效就像钢印那样，简单地凸起，各处凸起一样高，大块的凸起是平坦的，如图 7-61 所示；多层凸效是凸中有凹，表面有浮雕纹理，更加逼真，如图 7-62 所示。起凸通常与烫金工艺合作，既有立体感又有光泽,达到重点强调的效果。

图 7-61 单层凸效

图 7-62 多层凸效

印前制作时,凹凸压印也是将单色作为一个图层制作,并且单独出一张菲林片,这张菲林片和四色片同时出的,上面的规线和四色片的规线完全对齐,起凸的部位被填充成黑色,当把它和四色胶片重叠在一起的时候,图样恰好落在它应该落的位置。实际上凹凸压印和烫金、局部 UV 一样也是一种专色手法,只是凹凸压印不像局部 UV 那么精确,局部 UV 可以用于很小的字,凹凸压印却只能用于大字、粗线条和简单图案。

凹凸压印处于图文的结合方式可以有几种:

① 严套。凹凸压印区域的边缘和中间的每一个细节都与图文套准。

② 套边。凹凸压印区域的边缘与图文边缘套准,但中间不太受限制。

③ 交套。凹凸压印区域的一部分与图文套准,而另一部分完全是自由的。

图 7-63 压纹纸、素压凸

④ 松套。凹凸压印区域完全是独立的图案,不必与任何图文套准。

⑤ 素凸。凹凸压印区域在印刷品的空白处,没有压住任何图文,如图 7-63 所示。

注意:压纹纸是利用印版在纸板表面压出某种特殊花纹的纸,具有较强的立体感。

(4)上光和压光 上光是指在印刷品整个表面涂一层无色透明的光油,压光是指在上光的基础上再经过一定的温度和压力使涂布材料形成较强的玻璃体。

上光油干燥后在印刷品表面形成了一层均匀的薄膜,改善印刷品的光泽,保护色层不磨损、不受潮发霉、不易粘脏。大多数上光油让印刷品更光亮,也有一些上光油可产生毛玻璃那样的特殊效果。压光是上光的进一步操作,是在上光油干燥后用不锈钢滚筒压出镜面般的光泽,比单纯的上光还要光亮。

上光和压光是在印完四色之后，在起凸、折叠、裁切、模切压痕等工艺之前进行的，因为上光油必须与印刷色紧密地结合，没有任何气泡、砂眼和缝隙，而且要非常均匀。

印刷业又常常将上光和压光简称为 UV，因为常用的上光油是采用紫外线固化的，相对于局部 UV 而言，这是整体 UV。比如一个手提袋，它如果要上光的话不仅在图文部分上光，而且在白纸部分包括向内折叠的白边上也是上光的，所以它印完四色之后首先上光，然后再模切、折叠、粘贴成形。

在海报、宣传页、日历、明信片、扑克牌等印刷品上也常常进行上光和压光处理，另外在硬质材料上烫金、烫银或进行电化铝烫印后，也可涂一层上光油来防止箔层脱落。不过上光的膜层不像局部 UV 那么厚，它通常用于比较平滑的表面，比如铜版纸、卡纸适合上光，表面粗糙的纸却会把上光油吸掉，除非反复上光，不过这对特种纸来说通常是没有必要的，因为上光油的光泽会冲淡特种纸本身肌理的魅力。

上光油有时会让印刷品的颜色发生变化，因为它对油墨有一定的溶解作用。人物图像对此尤其敏感，上光以后，鲜艳的颜色可能会变灰，深色可能会变浅，而人们对肤色的变化是很挑剔的，所以这种画面最好使用覆膜来代替上光。另外，上光和压光后的印刷品会变脆，如果这种印刷品需要折叠，就要小心了。厚纸本来就容易折裂，再上光、压光，就更难折了。书的封面要折，纸盒要折，手提袋要折……如果它们是用 200g/m² 以上的厚纸来做的，还是覆膜好。

上光油可以是手工喷刷的，也可以是机械涂布的，机械的方式又分为两种：一种是用印刷机把上光油当成一种专色来印刷（在四色和其他的专色印完之后），另一种是用专用的上光机来涂布。

因为上光油是整版涂布的，印前无须对上光和压光专门做文件，只要对印刷厂提出要求就行了。

（5）覆膜　在纸制品上裱一层透明的塑料薄膜，就是覆膜。如书籍的封面、纸盒的外表容易磨损，覆膜可以提供保护。覆膜程序在印刷之后、折叠和裁切之前，这层膜必须很透明，有很好的韧性，质地均匀，没有砂眼气泡，表面很平整，通常是聚丙烯材料做成的，还预涂了热塑性高分子粘合剂以便和纸张结合，印刷厂用热压滚筒把它牢牢地贴在纸上。这样一来，纸的表面有了更好的光泽，质地更厚实，而且印在上面的颜色受到了保护。我们在前面看到，上光也有同样的作用，但厚纸上光后会变脆，覆膜后却变得柔韧耐折。

覆膜与上光和压光一样，是针对整个印刷品幅面的，印前制作时无须专门考虑，只需要向印刷厂说明工艺。

任务二　包装盒的制作（二）

任务背景

客户提供了玻璃罐咖啡豆外包装纸盒样版，根据客户提供的样板纸盒进行纸盒翻版制作，样品为正六棱柱，尺寸如图 7-64 所示。要求成品尺寸跟样品一致，颜色与样品颜色接近即可。

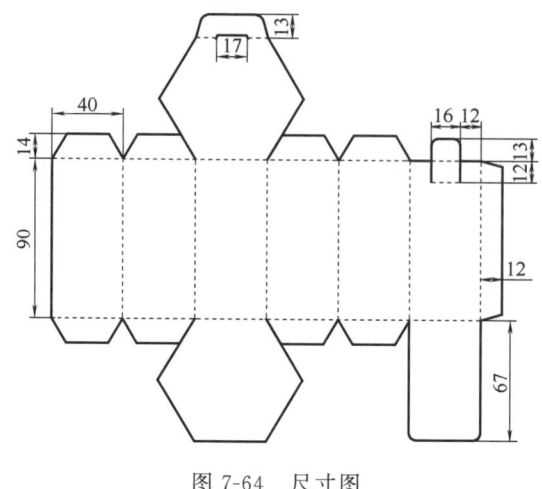

图 7-64　尺寸图

任务要求

分析纸盒的材料和工艺，完成纸盒的电子稿制作。要求使用对开印刷机印刷，完成拼大版文件制作。

任务素材

纸盒扫描稿图片在素材光盘"项目七/任务二"文件夹中。

任务分析

该纸盒使用的原材料是 300g 单铜纸；使用 CMK＋咖啡专色四个颜色印刷；使用压凹凸、局部 UV 珍珠油、局部 UV 磨砂等印后效果。印前文件需要制作模切压痕图层、专色印刷图层、压凹凸图层、局部 UV 珍珠油、局部 UV 磨砂图层 5 个图层，以及 5 个图层的大版文件。分析如图 7-65 所示。纸盒最终效果如图 7-66 所示，各图层效果如图 7-67 所示。

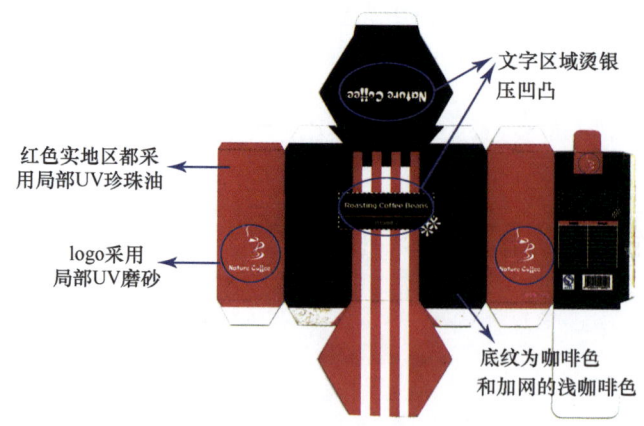

图 7-65　素材分析

项目七 | 包装盒的制作

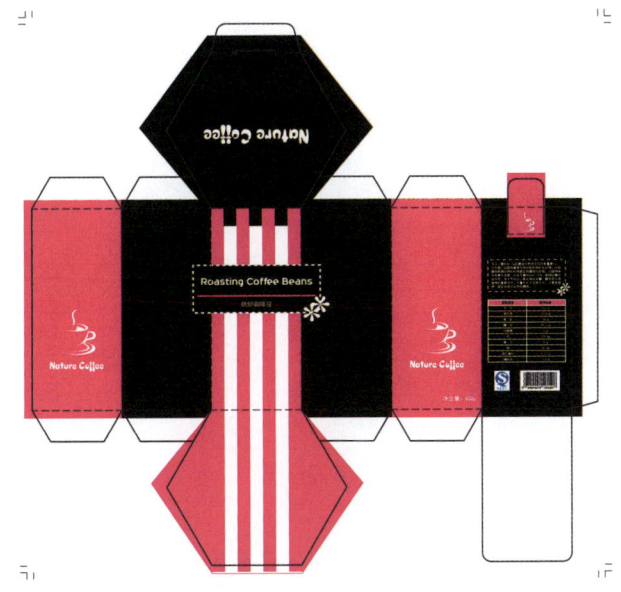

图 7-66 最终效果图

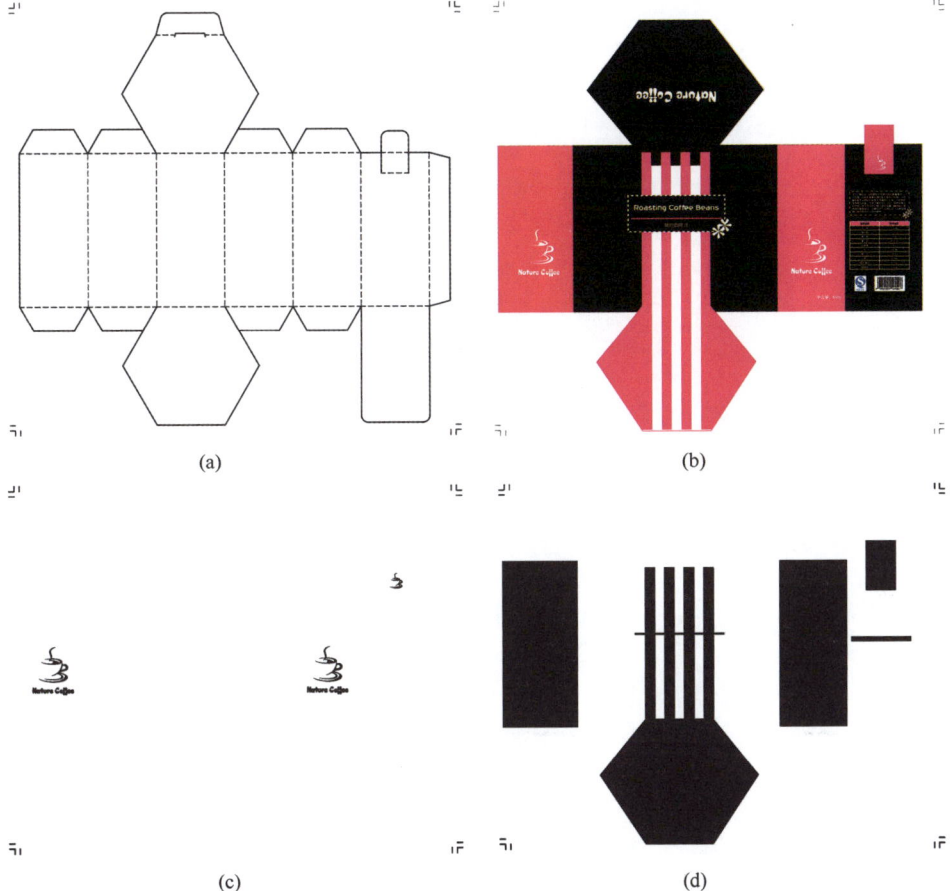

图 7-67 分图层效果
（a）模切图层 （b）印刷图层 （c）局部 UV 磨砂图层 （d）局部 UV 珍珠油图层

(e)

图 7-67　分图层效果（续）
(e) 烫银压凹凸图层

参 考 文 献

1. 诸应照，张晓燕．等．印前图文信息处理［M］．北京：中国轻工业出版社，2013．
2. 马增友．Photoshop 图像处理技术应用［M］．北京：清华大学出版社，北京交通大学出版社，2010．
3. 谢中杰，杨奎．等．印前实训［M］．北京：印刷工业出版社，2012．
4. 刘元生．Illustrator 图形处理技术［M］．北京：化学工业出版社，2009．
5. 王强，刘全香．等．印前图文处理［M］．北京：中国轻工业出版社，2001．
6. 穆健．实用电脑印前技术［M］．北京：人民邮电出版社，2008．
7. 花晶．印前技术［M］．合肥：合肥工业大学出版社，2009．